NOUVELLE MANIERE DE FORTIFIER LES PLACES,

TIRÉE DES METHODES

Du Chevalier DE VILLE, du Comte DE PAGAN, & de Monsieur DE VAUBAN.

*Avec des remarques sur l'*ORDRE RENFORCÉ, *sur les Desseins du Capitaine* MARCHI, *& sur ceux de M.* BLONDEL, *suivies de deux nouveaux* DESSEINS.

A AMSTERDAM,
Chez HENRY DESBORDES, dans le Kalver-Straat, prés le Dam.

M. DC. LXXXIX.

A MONSEIGNEUR MONSEIGNEUR LE MARQUIS DE SEIGNELAY SECRETAIRE D'ETAT

MONSEIGNEUR,

Lors qu'un Auteur prend la liberté de mettre vôtre nom

pour le repos de la Contience
de Celle, ou de Cely, qui mé trouve
veira, á jean Billi, me rendra.
ou, au Diable il yrra.
1763.

A MONSEIGNEUR MONSEIGNEUR LE MARQUIS DE SEIGNELAY SECRETAIRE D'ETAT

ONSEIGNEUR,

Lors qu'un Auteur prend la liberté de mettre vôtre nom

à la tête d'un Ouvrage, il semble qu'il ne doive uniquement aspirer qu'à l'honneur de vôtre protection; cependant le but que je me suis proposé dans celui-ci m'engage à souhaiter que vous voulussiez bien ajoûter à cette grace celle d'être mon Juge. C'est peut-être le souhait le plus desavantageux que je puisse faire pour le succés de mon systême, mais je suis trés-persuadé que ce seroit un moyen seur pour fixer les principes de l'Architecture militaire. Il suffiroit, MONSEIGNEUR, *d'instruire nos Ingénieurs des maximes que vous auriez approuvées ou condamnées: vôtre choix seroit pour eux une*

Loi inviolable, puis qu'ils conviennent tous que la décision des difficultez que je tâche d'éclaircir, & qui ont jusques-ici partagé leurs opinions, ne pouvoit être soûmise à un Juge plus éclairé. J'aurois ici, MONSEIGNEUR, une occasion de parler de tout ce que le Public, le Conseil & le Roi, même, reconnoissent tous les jours en vous d'exact, de profond, & de grand; je pourois entrer dans le detail de ces qualitez extraordinaires qu'il semble que le Ciel ait voulu ramasser en vôtre Personne pour donner un Ministre accompli au plus grand Roi du monde: Mais un pareil dessein est trop au dessus de mes forces ; c'est bien assez ; MONSEIGNEUR, de vous avoir offert un Livre que je n'ose croire digne de vous, que par raport à la matiére dont il traite, sans risquer encore de vous fatiguer en répétant des éloges dont beaucoup d'Ecrivains fameux ont déja enrichi leurs Ouvrages, & qui vous marqueroient moins qu'un silence respectueux avec combien de vénération je suis,

MONSEIGNEUR,

Vôtre trés-humble & trés-obéïssant serviteur ***.

PRE-

PREFACE.

CE n'eſt point l'ambition d'être Auteur d'une nouveauté, ni de m'ériger en cenſeur des meilleurs Ingenieurs de nôtre Siecle, qui m'a fait mettre au jour cette maniere de fortifier. Je n'ai point eu d'autre but que l'inſtruction du Public, & la mienne; Heureux, ſi des gens plus experimentez & plus pénetrans que je ne le ſuis, ne me trouvant pas indigne d'une critique, me laiſſent du moins la

 gloire

gloire d'avoir procuré des éclairciſſemens utils, & d'avoir contribué à la perfection d'un Art de la néceſſité duquel on ne doute plus. Preſque toute la terre eſt revenuë de l'imprudente opinion de certains peuples de Gréce, qui vouloient que leurs Villes n'euſſent pour remparts que la bravoure de leurs habitans ; & quand même quelques Nations ſeroient encore dans cette erreur, ſi des raiſons d'Etat, ou une extrême ignorance ne les y retenoit pas, il ſuffiroit pour les en deſabuſer, de leur faire connoître avec combien de ſoin un des plus grands Conquérans, & un un des plus ſages Princes qui ait jamais été, fait fortifier les places de ſes frontiéres & de ſes conquêtes.

Pour me conduire au but que je m'étois propoſé, je ne pouvois choiſir de meilleurs guides que le Chevalier de Ville, le Comte de Pagan, & particuliérement Monſieur de Vauban : ce ſont les Auteurs les plus eſtimez en France, & qui à mon ſens le doivent être par conſequent du reſte de la terre. Toute l'Europe a reconnu par des expériences fatales aux ennemis du Roi quelles ſont les lumiéres, la penetration, & le zéle de Monſieur de Vauban :

&

& l'on ne peut pas demander de plus fortes preuves de son mérite, que l'estime & la confiance dont LOUIS LE GRAND l'honore tous les jours; La nouveauté & la facilité de la méthode du Comte de Pagan lui ont attiré beaucoup de partisans, & je ne doute point qu'on n'eût mis ses desseins en execution, si Monsieur de Vauban n'en eût donné d'autres dans le temps qu'on pouvoit y songer. Le Chevalier de Ville a passé pour le plus habile Ingénieur de son temps, & son Traité des fortifications est encore recherché comme le plus utile qui ait

paru.

paru. Mais la veneration que le Public a pour ces fameux guides, bien loin de me repondre du ſuccez de cet Ouvrage, me fait apprehender qu'on ne regarde comme une temerité indigne d'être approfondie, la liberté que je prens de comparer leurs methodes avec la mienne. C'eſt un écueil qu'il m'étoit impoſſible d'éviter. Si je me fuſſe contenté de propoſer mes deſſeins, le deſir de la nouveauté eût porté bien des gens à les voir, perſonne n'eût penſé à les cenſurer autrement qu'en leur preferant les conſtructions qui auroient été autoriſées par des noms

fa-

fameux, & cette ſorte de cenſure n'eût rien fait à l'établiſſement des principes de l'Art: Au lieu qu'en accompagnant ces deſſeins de quelques réflexions ſur ceux qu'on leur auroit d'abord préferez, j'ai crû pouvoir engager quelqu'un des ſectateurs de ces grands hommes de qui nous les tenons, à combattre ce que j'avance par des raiſonnemens aſſez ſolides, pour ne plus laiſſer aucun doute ſur les maximes que l'on doit ſuivre en fortifiant les places.

J'ai encore à craindre la delicateſſe outrée de la plûpart des Sçavans, l'ombre

de

de la cenſure les irrite, quand une perſonne illuſtre & vivante s'y trouve intereſſée. Il ne me ſuffira peut-être pas de leur faire remarquer, qu'en examinant une méthode généralement approuvée, je m'attache ſeulement à en tirer ce qui me paroît excellent, ſans prétendre que mon choix établiſſe aucun préjugé contre ce que je laiſſe comme moins bon ; j'aurai beau leur proteſter que perſonne au monde ne reconnoît mieux que moi, combien je ſuis éloigné d'avoir aucun caractére qui m'autoriſe à prendre un ton dogmatique;

matique ; ils interpreteront peut-être mal les moyens dont je me servirai pour me justifier ; mais celui dont le ressentiment seroit le mieux fondé, s'il étoit du goût de ces Messieurs, a une élevation d'esprit, & un fond d'indulgence qui me rendent tout leur chagrin fort indifferent ; Et je suis trés-persuadé, non seulement qu'il me pardonnera ma hardiesse, comme un homme qui est infiniment au dessus des sentimens qu'une fausse delicatesse peut inspirer, mais encore qu'il sera le premier à chercher des excuses pour

les

les fautes que j'ai faites, parce qu'il a toute l'honnêteté & toute la generosité d'un genie sublime.

AU RELIEUR.

Il faut mettre toutes les planches à la fin, ſuivant l'ordre de premiére, ſeconde, troiſiéme, quatriéme, &c.

VOOR DEN BOECKBINDER.

Alle de plaaten moeten agter aan t' Boeck geplaaſt worden, volgens d'order als ſe genommert ſijn, eerſte, twede, derde, &c.

NOUVELLE

NOUVELLE MANIERE DE FORTIFIER LES PLACES.

CHAPITRE PREMIER.

Du Corps de la Place.

ARTICLE PREMIER.

Si on doit se servir du Flanc fichant, ou du Flanc razant.

LES Fortifications d'une place peuvent être appellées parfaites, quand elles fournissent à un petit nombre de Soldats toutes les commoditez imaginables, pour résister avantageusement aux éforts d'un puissant ennemi qui veut les forcer.

Il y a deux ſortes de réſiſtance. L'une dépend des remparts, des parapets, des orillons, & en quelque façon de l'angle flanqué ſuffiſamment ouvert, enfin de tout ce qui met l'aſſiégé à couvert des coups de l'aſſiégeant.

L'autre dépend des moyens, qu'un certain arangement des parties de la fortification procure aux aſſiégez, pour nuire à l'aſſiégeant : Je ſçais bien qu'elle dépend auſſi du nombre des ſoldats, & de la quantité des munitions ; mais je ne parle ici que de ce qui eſt du fait de l'Architecte.

Dans cet arangement des parties de la fortification, on a égard principalement à la longueur de la ligne de défenſe, & au feu qui défend les endroits qui peuvent être attaquez.

Ces endroits ſont ou les flancs, ou les courtines, ou les faces. Pour les flancs juſques ici perſonne ne s'eſt aviſé de les attaquer, tout le monde en ſçait les raiſons. On ne s'attache point aux courtines, lors que les deux flancs ſont d'une bonne hauteur ou longueur. Il eſt trop incommode d'avoir à ſe garentir en même temps de deux flancs, & la largeur du foſſé en cet endroit donne lieu à trop de chicannes. Ainſi les faces ſont les endroits les plus attaquables, & auſquels par conſéquent on doit tâcher de fournir plus de défenſe, ſans néanmoins tomber dans la faute de certains Auteurs, qui ont rendu leurs courtines moins fortes que les faces, en tenant leurs flancs fort petits, pour faire prendre

dre à leurs bastions plus de feu dans la courtine, ou pour diminuer la dépense du fossé.

La défense consiste aux armes dont on se sert, & aux lieux d'où l'on peut s'en servir, c'est à dire, d'où les ennemis allans aux faces des bastions, peuvent être découverts. Ces lieux sont les flancs seulement dans les méthodes du Comte de Pagan, & de Monsieur de Vauban, mais dans la méthode du Chevalier de Ville, outre les flancs qui ne sont pas moins grands que ceux de Monsieur de Vauban, il y a encore une partie de la courtine AB. pl. 1. fig. 3. qui est ce que nous appellons second flanc, ou feu de la courtine.

L'extrémité de la face du bastion pour être bien défenduë, ne doit pas être plus éloignée du flanc qui lui est opposé, que de la portée du mousquet; cela a été décidé, contre l'opinion de tous ceux qui ont voulu étendre la longueur de la ligne de défense à la portée du canon, & c'est une maxime fondamentale qui est reçûë généralement de toutes les Nations qui font fortifier leurs Places.

L'expérience a fait voir qu'un mousquet tuoit un homme à plus de deux cens pas Géométriques : par conséquent on peut mettre la pointe d'un bastion à cent quatrevingt pas du flanc qui lui est opposé, laissant les vingt autres pour la largeur du fossé, de maniére que le tir du flanc puisse aller jusqu'à la contrescarpe. Sur ce point mes trois guides sont bien d'accord avec moi, mais comme j'ai déja dit, les sentimens du Comte de Pagan, & de Monsieur de Vauban, sur les endroits qui doivent découvrir, ou flanquer les faces des bastions, sont fort différens de ceux du Chevalier de Ville & des miens.

Le Chevalier de Ville soûtient, que plus on peut prendre de feu dans la courtine, les demi-gorges & les flancs restants d'une grandeur raisonnable, & l'angle flanqué d'une ouverture suffisante, plus il y a de tirs qui voyent les faces; que par conséquent on fournit plus de moyen de nuire à ceux qui les attaquent, & qu'il vaut bien mieux augmenter ce nombre de tirs, qui est d'une trés-grande utilité pour nuire à l'assiégeant, que d'augmenter l'ouverture de l'angle flanqué, principalement lors qu'elle est de quatre-vingt-dix degrez, puis que cette augmentation ne peut ni affoiblir l'ennemi, ni fortifier la place: car il prouve fort bien que l'angle droit est assez fort pour ne craindre pas que l'ennemi en rompe la pointe, & même qu'un angle de soixante & dix-huit ou de soixante & quinze degrez, n'est guéres moins fort que le droit. Sur ce principe il fait son angle flanqué droit dés l'hexagône, & il le continuë de la même ouverture à toutes les figures de plus de six côtez, même au bastion construit sur la ligne droite: en sorte que plus ses figures ont de côtez, plus elles sont fortes, non pas par la plus grande ouverture de leur angle flanqué, qui seroit inutile selon ses démonstrations, mais par le plus grand feu que les bastions tirent des courtines, qui, suivant ses maximes, augmente beau-

beaucoup la force des faces ; & c'est ce feu de la courtine qui met de la différence entre la fortification à flanc fichant, & la fortification à flanc razant.

Au contraire, Monsieur de Vauban, ni le Comte de Pagan ne tirent jamais de feu de la courtine : ainsi plus leurs figures ont de côtez, plus les angles flanquez deviennent obtus. Ce n'est pas néanmoins que le Comte de Pagan croye qu'il faille ouvrir les angles flanquez autant qu'il est possible, puis qu'il en fait de fort aigus dans sa petite fortification, & qu'il eût bien pû les ouvrir davantage, s'il eût proportionné ses flancs à ses côtez, comme ont fait presque tous les autres Auteurs ; mais seulement il méprise la défense que les courtines peuvent fournir, & du reste il croit apparemment qu'il faut s'attacher à faire toûjours les flancs égaux, sans se soucier si l'angle flanqué a huit ou dix degrez de moins qu'il n'auroit en diminuant la hauteur des flancs, pourvû qu'il en ait plus de soixante.

Le Chevalier de Ville ne s'est point mis en peine de réfuter les raisons qu'alléguent ordinairement ceux qui mettent en usage le flanc razant, croyant que pour faire préférer le fichant au razant, il suffisoit de dire, que le fichant avoit quinze, vingt, vingt-cinq, & quelquefois jusqu'à cinquante toises de feu plus que le razant ; mais comme il ne détruit pas les prétendus avantages du flanc razant, par la preuve de cette augmentation de feu, je suppléerai à son defaut en réfu-

réfutant premiérement les raisons du Comte de Pagan, qui ne sont pas assurément les plus fortes, aprés quoi je ferai voir que la plus grande partie de celles qui ont été alléguées, & qu'on peut alléguer, ne sont fondées que sur des suppositions, dont j'espére découvrir l'erreur par des preuves que je crois infaillibles. Voici la premiére raison du Comte de Pagan.

1. *Le plus grand nombre des modernes* (dit-il) *plus fondez sur la Géométrie, que sur l'expérience, établissent pour un principe certain, que les angles flanquez ne soient jamais de plus de 90. degrez; comme si l'angle droit avoit quelque vertu particuliére en cette pratique, & veulent que les angles flanquans en dépendent, & qu'ils varient selon la disposition, & le nombre des poligones.* * *Mais s'ils prenoient la peine de s'éloigner des raisons Mathématiques, pour examiner les Physiques, ils connoîtroient que les qualitez actives régissant les passives, les angles flanquez doivent être sujets aux flanquants, comme à ceux qui ont la principale action dans la défense.*

1. La question est nouvelle de demander si l'angle droit a quelque vertu particuliére. Le Comte de Pagan, éclairé comme il étoit, n'avoit pas besoin qu'on lui répondît ce que j'ai fait dire ci-dessus par le Chevalier de Ville, que l'angle droit ayant la vertu, mais non pas particuliére, de ne pouvoir pas être rompu par la pointe, il a encore celle d'augmenter le feu de la courtine, à mesure que l'ou-

* 2t.

l'ouverture de l'angle de la circonférence augmente, & que cette vertu ne lui est pas commune avec l'obtus dont il se sert.

2. Cette conséquence n'est pas fort bonne, les qualitez actives régissant les passives, les angles flanquez doivent être sujets aux flanquants, & l'on ne doit se servir que du flanc razant, car c'est apparemment ce qu'il veut conclure. Pour moi, sur ce que l'actif régit le passif, je raisonnerois tout autrement, & je dirois que plus l'actif est grand & puissant, plus le passif doit souffrir; que l'actif est ici le feu qui voit les ennemis allans à la face du bastion qui sont les sujets passifs, & que le but de la fortification étant de faire souffrir autant qu'on peut ces sujets passifs, on doit se servir du flanc fichant, puis qu'il augmente cet actif, qui est le feu tant de la courtine, que du flanc, qui effectivement a la principale action dans la défense.

Plus bas il dit, que les inconvéniens de n'excéder jamais l'angle droit en l'ouverture des bastions, ne sont pas moins considérables, puis que passant au dessus de l'octogône, où il faut augmenter le nombre des bastions proposez, où les angles rentrans de la contrescarpe dérobent aux angles flanquez la meilleure partie de la défense qui lour est dûë, comme il se voit en plusieurs places, & dans les plans des meilleurs Auteurs.

Pour bien concevoir toute la force de cette raison, soit vûë la premiére figure, planche 2. Ces Auteurs ont mené leurs fossez paralelles aux faces des bastions, comme les lignes ponctuées ABA ; de cette maniére l'angle rentrant B dérobe aux faces une partie de la défense que leur fourniroit le flanc opposé qui est la meilleure ; rien n'est si vrai ; aprés cela il n'y a pas d'apparence si on en croit le Comte de Pagan, que qui que ce soit veüille se servir du flanc fichant, mais s'il n'y a que cet inconvénient, il est bien facile d'y remédier, puis qu'en menant le fossé paralelle à la ligne CD, & non pas aux faces., l'angle rentrant ne cachera plus rien.

Au Chapitre 7. il dit 1. *Et il ne sert de rien aux Auteurs modernes d'alléguer l'avantage du second flanc pris sur la courtine, puis qu'il est absolument impossible d'y loger des piéces pour battre le fond du fossé, à raison du grand biaisement.* * *Et que des batteries des assiégeans du plus loin de la campagne, les parapets en sont incontinent rasez ou rendus inutiles pour le canon & pour la mousqueterie.*

1. Quand même il seroit impossible de loger du canon sur la courtine pour battre le fond du fossé, ce n'est pas à dire pour cela qu'il falut mépriser ce second flanc, sur lequel le Comte de Pagan avouë qu'on peut loger utilement la mousqueterie ; car si la fortification à flanc fichant a ses flancs égaux à ceux de la fortification à flanc razant, il me semble que puis qu'elle est déja aussi forte que l'autre par ses flancs, cette augmentation de feu qui se tire de la courtine, ne peut lui être que fort avantageuse, sans qu'il soit nécessaire

* 2.

faire d'y pouvoir mettre du canon. Mais d'ailleurs je nie que le grand biaisement empêche de loger des piéces sur la courtine, pour battre le fond du fossé; je prétens au contraire que c'est un avantage que le flanc fichant a sur le razant, & on le peut voir par ces figures. Le canon que le Comte de Pagan met sur son flanc au point où il rencontre le prolongé de la ligne de défense A, planche 2. figure 2. ne peut être employé qu'à battre le fond du fossé du bastion opposé, car il ne peut pas voir la courtine à cause de l'avance B : Il n'y a donc rien qui m'empêche d'en mettre un au point A, fig. 3. planche 2. à l'endroit où commence le feu de la courtine, qui fera le même effet que celui du Comte de Pagan, sans que l'embrazure soit trop ouverte, puis que je ne l'ouvrirai qu'autant qu'il faudra pour lui faire découvrir le fond du fossé du bastion; & si l'on me dit que l'embrazure sera facile à rompre par les pointes, j'avouërai qu'on peut en rompre une partie, mais le canon ne sera pas découvert pour cela, puis qu'il est caché derriére le gros du parapet d'abord qu'il a tiré, & qu'on peut remédier aux ruptures par des gabions; ainsi le grand biaisement n'est pas un obstacle. Peut-être a-t-il voulu dire que la piéce pointée de biais sur un parapet, dont la pente ne seroit pas extraordinaire, ne pouvoit pas découvrir le fond du fossé, parce que plus l'angle de la piéce avec le plan du parapet est aigu, plus le coup est élevé, de maniére qu'à la fin il devien-

 droit

droit paralelle à l'horizon, ce que pas un Auteur ne s'eſt encore aviſé de remarquer. * Mais il ne faut que donner à l'appui de l'embrazure toute la pente dont il a beſoin pour voir le foſſé du baſtion, & on peut laiſſer le parapet avec ſon glacis ordinaire; enfin le biaiſement n'empêche pas que le feu de la courtine baſſe, dont je parlerai dans la ſuite, ne ſerve de contrebatterie, pour ruïner les batteries de la contreſcarpe, puis que les piéces qu'on logeroit ſur ce feu de la courtine n'étant pas plus élevées que celles des ennemis, elles ne tireroient pas inutilement, quoi que le biaiſement rendit leurs coups preſque paralelles à l'horizon, & même cette contrebatterie qui ne peut pas être bien pratiquée dans le flanc razant, me paroît un avantage aſſez conſidérable pour n'être pas négligé.

2. S'il étoit vrai qu'il ne falût point prendre de feu dans la courtine, parce que l'ennemi en peut rompre les parapets, la même raiſon empêcheroit de faire des flancs, car à l'exception de l'eſpace CD, figure 2. planche 2. qui eſt couverte de l'orillon, je ne vois pas que le parapet du reſte ait une vertu plus particuliére pour réſiſter au canon, que celui de la courtine; ſur tout dans la méthode du Comte de Pagan, où il eſt expoſé à la batterie droite & croiſée.

Il dit plus bas: 1. De plus le quarré, le pentagône, & l'hexagône, dont ſe forment les for-

* *M. Couplet l'a remarqué dans les leçons qu'il donne aux Pages du Roi.*

*forteresses les plus importantes, ne sont point ou peu secouruës de cette défense. * Sur le prolongement de laquelle leurs flancs étant perpendiculaires, & retirez, il arrive encore que le second flanc ne voit que d'une de ses embrazures le fossé du bastion qu'il défend.*

1. Quoi qu'il soit vrai que ces places prennent peu de feu dans la courtine, ce n'est pas à dire qu'il faille négliger celui qu'elles y peuvent prendre, moins encore en priver celles qui en prennent considérablement. Supposé qu'un fort Royal à cinq ou six bastions ne tire que quinze toises de feu de la courtine, c'est dequoi loger un canon, si l'on veut, & trente mousquetaires de plus qu'au flanc razant, & cela n'est pas si peu de chose que le Comte de Pagan nous le veut faire croire.

2. Ce raisonnement est à peu prés de la force de celui des angles rentrans de la contrescarpe, que j'ai déja réfutez. La plûpart des Auteurs ont fait le revers de leur orillon paralelle à la courtine, comme en la 4. figure planche 2. au flanc A; de cette maniére le premier canon du flanc haut B, est si bien caché, qu'il n'est point vû, & qu'il ne voit rien: Mais pourquoi attribuer plûtôt cette faute au flanc fichant, qu'à ceux qui l'ont faite: quoique je fasse mon flanc fichant comme C dans la même figure, mon premier canon ne voit-il pas la face du bastion autant que celui du Comte de Pagan, & même beaucoup mieux, comme je le prouverai

* 21.

rai bien-tôt ; & s'il avoit fait le revers de son orillon paralelle à la courtine, au lieu de le faire donner à la pointe du bastion, comme il a fort sagement fait, son premier canon E, figure 2. planche 2. en eût-il plus vû avec son flanc razant, que celui de ces Auteurs qu'il condamne.

C'est à peu prés, dit-il, ce qu'il croit pouvoir alléguer de meilleur pour confirmer ses nouveautez ; cependant il y a d'autres raisons plus spécieuses, l'une desquelles est la baze, & le fondement de tout ce qui se peut dire pour le flanc razant ; mais il ne s'en est pas servi, soit qu'il en reconnut la fausseté, soit qu'il ne daigna pas répéter ce que d'autres Auteurs avoient dit avant lui. Ces Auteurs avancent 1. que le flanc razant fait tout autant, & peut-être plus de ravage que le flanc fichant, supposé même que ce dernier étant de la même longueur que le razant, il soit encore aidé du feu de la courtine.

2. Que par conséquent il faut s'en tenir au razant, qui n'ayant point de desavantage de ce côté-là, rend les angles flanquez plus obtûs, & la fortification beaucoup plus ample.

3. Ils condamnent le flanc fichant, parce qu'il leur semble que le second flanc augmentant à mesure que l'angle des côtez est plus ouvert, il cause une grande inégalité dans la fortification irréguliére, en sorte que l'ennemi sçait d'abord quel est le côté le plus foible, & qu'au contraire ils sont persuadez

que

que le flanc razant rend tous les côtez de la place également forts.

4. Les modernes disent qu'on peut mettre plus de canon sur la face d'un bastion dont l'angle flanqué est obtûs, que sur celle d'un bastion à angle droit.

Je ne sçache point que les partisans de ce flanc ayent allégué d'autres raisons qui méritent d'être examinées, & l'on ne sçait point aussi quelles sont celles de M. de Vauban, puis qu'il n'a pas encore donné sa méthode au Public.

La premiére de ces raisons n'est fondée que sur cette fausse prétention, que le flanc razant nétoye tout le fossé de la face des bastions d'un seul tir de ses canons, ce que le fichant ne peut pas faire. Il est aisé de démontrer la nullité de cette raison, en faisant voir.

1. Que le canon étant élevé de cinq à six toises, ne peut pas faire plus d'effet d'un flanc razant, que d'un fichant, & cette raison est bonne, sur tout contre les Ingénieurs qui ne font point de flanc bas.

2. Que quand même ils seroient tous deux à fleur de fossé, ce qui est une supposition absurde, le flanc fichant feroit plus d'effet que le razant.

PREMIERE PREUVE. JE suppose la ligne du fossé indéfinie A A, planche 2. figure 5. sur laquelle le rampart A B est élevé de six toises, ce qui n'est qu'une hauteur médiocre: l'endroit où la face opposée com-

commence C, a nonante toises de distance du flanc, comme elle est dans la grande fortification. La hauteur à laquelle le Canonnier doit pointer quatre pieds G, il est manifeste que le tir du canon partant de B, plongera en D ; & supposé que le Canonnier pointe à l'endroit E, qui est la moitié de la face, & ordinairement le lieu de l'attaque, le boulet plongera toûjours en F ; & même ce n'est qu'en supposant la ligne de défense de cent cinquante toises, car si elle n'en avoit que cent neuf, comme celle de la petite fortification du Comte de Pagan ; & si le fossé étoit de trois toises plus profond, comme le même Pagan prétend qu'il seroit mieux de le faire, un seul boulet au flanc razant comme au fichant ne tuëroit pas plus de trois hommes avant le bond, parce qu'il plongeroit trop violemment.

Le canon plongeant donc également dans l'un & dans l'autre flanc, il est certain que cet avantage imaginaire du nétoyement n'a point de lieu, principalement pour les flancs hauts. Mais supposant le canon à fleur de fossé, je veux encore prouver que tout l'avantage est du côté du flanc fichant.

SECONDE PREUVE. Soient vûs les tirs du razant, planche 2. figure 6. & ceux du fichant, planche 2. figure 7. le razant n'a de l'avantage que du premier canon AB ; car les autres du fichant nétoyent aussi-bien le fossé que les siens, or ce prétendu avantage est bien récompensé.

Pre-

Premiérement, par celui qu'a le canon caché du flanc fichant, de voir presque une fois plus de fossé que celui du razant, ce que je prouve ainsi.

Soit le tir du canon caché du fichant CD, planche 2. figure 7. & celui du razant, planche 2. figure 6. aussi C D le tir du fichant peut battre tout ce qui se trouvera dans le triangle F D E de la figure 7. au lieu que celui du razant ne bat que ce qui est dans le petit triangle F D E figure 6. & par conséquent il est beaucoup moins capable de nuire à l'ennemi dans le passage du fossé. D'ailleurs la brêche étant supposée en G à la moitié de la face, le tir de la 7. figure entrera bien plus avant que celui de la 6. Par conséquent il incommodera davantage les Assiégeans, quand ils voudront s'y loger : & cette différence est fort considérable dans les figures de dix ou douze côtez.

Secondement, quand ils ne pourroient pas entrer en compensation, trente, quarante, cinquante mousquetaires de plus, quelquefois beaucoup davantage récompensent bien au double le prétendu nétoyement de ce premier canon. Car les mettant à trois rangs de hauteur derriére le parapet de la courtine, ils auront aussi-tôt tiré cent coups, & quelquefois deux cens, que ce canon un seul, qui ne fera pas assurément tant d'effet que cent ou deux cens coups de mousquet : outre que ce canon, qui est fort exposé à la batterie des ennemis, peut être rendu inutile d'un seul coup, peut s'éventer, peut crever, ce qui n'arrivera pas à cent hommes & à cent mousquets ; ainsi l'on doit faire moins de fond sur le canon.

Troisiémement, si on éléve des cavaliers sur la courtine proche les flancs, les premiers canons de ces cavaliers découvriront la face du bastion oposé, au lieu qu'on ne peut pas en élever dans le flanc razant qui fassent le même effet, à moins qu'on ne les place dans les bastions, ce qu'on ne doit jamais faire, si l'on n'y est obligé par quelque commandement qui pourroit voir les flancs de revers, parce qu'un cavalier est fort incommode dans ces endroits lors qu'il faut se retrancher.

Quatriémement, dans les figures qui ont beaucoup de côtez, les faces peuvent s'entre-défendre.

Cinquiémement, si on met un canon dans la courtine, comme en A figure 8. planche 2. employant les tirs comme ils le font dans cette figure, ils nétoyeront le fossé beaucoup mieux que ceux du razant.

Enfin, le flanc fichant me donne lieu de prolonger les flancs comme ils le font dans cette figure 8. où il y a place pour quelques canons de plus qu'au flanc razant, ce que j'expliquerai mieux dans l'article des flancs retirez.

Je pourrois dire encore que la bréche fait ordinairement une élevation qui empêche le nétoyement à ce canon, & que d'ailleurs si on charge à cartouche, ce qui arrive souvent dans un assaut, ce nétoyement sera inutile, puis

puis que la mitraille s'écarte, & qu'il faudra éloigner le tir de la face du bastion, autrement la moitié de la mitraille donneroit dans le flanc en s'écartant, mais ces preuves sont plus que suffisantes pour détruire une raison dont le faux brillant n'est capable d'éblouïr que ceux qui ne l'aprofondissent pas.

La seconde ne doit pas subsister aprés que la premiére a été réfutée, puis qu'elle n'en est qu'une dépendance.

Il est vrai que le flanc razant rend l'angle flanqué plus obtûs, mais le Chevalier de Ville a fort bien prouvé qu'il étoit inutile d'en augmenter l'ouverture passé quatrevingt-dix degrez; & comme j'ai dit, le Comte de Pagan fait bien voir par les desseins de sa petite fortificationqu'il n'improuve pas les angles aigus, lors qu'il est question d'agrandir les flancs.

Il est encore vrai que le flanc razant rend les places plus grandes, particuliérement lors que les angles des flancs avec les courtines sont obtûs, mais il me semble qu'on ne doit pas tant estimer une place fortifiée par raport à sa grandeur, que par raport à sa force; & il ne seroit pas difficile de faire voir l'inutilité de cette objection, en prouvant par le plan de l'augmentation de quelque Ville nouvellement bâtie suivant les principes du flanc razant, que sur les mêmes côtez, sur les mêmes angles qu'on a jugé devoir aggrandir suffisamment la place, je puis tracer une fortification dont les angles flanquez seront droits, les flancs longs de vingt-cinq toises, & dont les faces donneront dans la

courtine

courtine à vingt, trente & quarante toises de l'angle du flanc.

J'avouë que cette augmentation eût renfermé plus de terrain que la mienne ; si l'on eût donné cent cinquante toises à sa ligne de défence ; mais on n'a pas crû qu'il fût nécessaire qu'elle en renfermât davantage: & d'ailleurs qu'importe à un Prince qui fait bâtir une place neuve, qu'il y ait dedans 60. ou 80. maisons plus ou moins ? ne met-on pas à present des cazernes dans toutes les places ? & quand on n'en feroit pas pour toute la garnison, du moins il est bon d'en avoir pour une partie, afin qu'il y ait toûjours un nombre de soldats assemblez en un même lieu avec leurs Officiers, en cas d'allarmes nocturnes, ou de rebellion : & cette partie là seroit celle qu'on logeroit dans les soixante ou quatrevingt maisons de surplus. Il faut qu'une place de guerre soit forte par ses fortifications autant qu'elle le peut être ; & non pas par le nombre des maisons qu'elle contient ; & si l'on me dit que plus il y a d'habitans dans une Ville mieux elle doit se défendre, je crois pour moi que c'est une erreur, & que plus les soldats qui la gardent trouveront de moyens de nuire aux assiégeans, mieux elle se défendra ; mais que bien loin de faire fond sur le secours qu'on peut tirer des Bourgeois, on en doit toûjours appréhender la sédition & la rebellion, lors qu'ils sont trop forts : car dés qu'ils voyent ruiner les maisons de leurs voisins par le canon ou par les bombes, il n'y en a pas un qui ne peste

ste en secret contre les démêlez du Prince, & contre le zéle du Gouverneur, & qui ne cherche les moyens de détourner l'orage de dessus la sienne ; le plus sûr, & celui qui tombe plûtôt dans le sens de ces esprits lâches & mutins, c'est de cabaler pour rendre la place, ou d'y introduire l'ennemi. Les Villes de Flandre & des Païs-bas, qui étoient si affectionnées à leurs Maîtres, ont bien fait voir quel fond on doit faire sur la résistance des habitans, & qu'il n'y en a aucun, quelque attachement qu'il ait pour son Prince, qui n'aime mieux changer de joug, que de voir changer ses maisons en un monceau de ruïnes, il est rare que le desespoir inspire quelque chose de grand aux ames nourries dans la molesse ; au contraire l'abbatement qu'il leur cause, les empêche de chercher le moyen de se vanger, & même de distinguer sur qui doit tomber leur vangeance ; & les cris d'une femme, les pleurs des enfans achévent de leur ôter le peu de raison que la perte de leurs biens pouvoit leur laisser.

Il est vrai que si l'on étoit obligé de se servir des vieux murs pour fortifier une Ville déja bâtie, on pourroit par la méthode de M. de Vauban épargner un bastion sur onze ou douze, & cela suivant les conjectures ; car il peut arriver que la disposition des côtez ne donnera pas lieu à cette épargne : mais supposé qu'elle y donnât lieu, ce ménage épargneroit aussi bien du monde aux assiégeans, puis que dans ces grandes places le flanc fichant est au moins une fois plus fort que le razant

razant, & il me ſemble qu'un Prince qui ſe réſout à faire une dépenſe, doit s'attacher à profiter de tous les avantages qu'elle peut lui procurer, plûtôt que de riſquer de la rendre moins utile par une petite épargne. Il doit, comme diſent le Comte de Pagan, & le Chevalier de Ville, ouvrir la bource, & fermer les yeux, & s'il cherche de trop grands ménagemens, ſoit dans les fortifications, ſoit dans le reſte, d'où dépend la conſervation de ſa place, il mérite bien de la perdre. On peut régler ſon choix ſur ces deux conſidérations, le flanc razant rend les places plus grandes, le fichant les rend plus fortes, & je crois qu'il y a peu de gens qui ne préférent pour le ſervice un coureur bien tourné & bien ramaſſé, à ces grands chevaux élancez que la premiére fatigue met ſur les dents : ou pour me ſervir d'une comparaiſon plus juſte, je ne penſe pas que dans une place de guerre on doive avoir plus d'égard pour le logement des ſoldats & des habitans, qu'on en a eu dans les Vaiſſeaux pour celui des Officiers ; & nous voyons que depuis quelque temps on a retranché le couronnement aux vaiſſeaux qu'on a bâtis, & que même on l'a abatu à la plûpart de ceux qui l'étoient déja, parce qu'il n'eſt pas queſtion de conſtruire un vaiſſeau de guerre bien logeable, mais de le rendre bon voilier, & propre à ſe bien tirer du combat.

La troiſiéme raiſon eſt un ſophiſme, dont je ne parlerai que pour ne rien laiſſer ſans replique. Il eſt bien vrai que le flanc fichant

cauſe

cause de l'inégalité dans une place irréguliére, mais non pas que cette inégalité soit préjudiciable. Aprés que les côtez qui ne forment pas des angles fort ouverts, ont été fortifiez autant bien qu'ils le peuvent être, quel inconvénient y a-t-il de rendre encore plus forts ceux qui peuvent l'être, parce qu'ils forment des angles plus ouverts? pourquoi sous prétexte d'égaler la force de la place, ôter à ces derniers ce qu'ils en pouroient avoir plus que les autres? ce n'est pas égaler la force, c'est rendre la place également foible de tous côtez. Bien plus, pour trouver cette égalité dans le flanc razant, ou il faut se servir de la méthode du Comte de Pagan, qui est le seul Auteur qui eût droit d'alléguer cette raison, puis qu'il fait ses flancs aussi longs sur un côté de cent dix toises, que sur un de cent quarante, & plus, ou l'on doit supposer tous les côtez égaux, ce qui arrive rarement dans une place irréguliére. Car selon la méthode de M. de Vauban, qui proportionne ses flancs à la grandeur du côté, si un côté de la place est de cent dix toises, & les autres de cent quarante, le flanc razant ne rendra pas la force de ces côtez égale, puis que l'un n'aura que dix-sept toises de flanc, & que l'autre en aura vingt-trois ou vingt-quatre. On peut me dire que les faces qui sont défenduës par les flancs de dix-sept toises, ne sont pas si grandes que celles qui le sont par les flancs de vingt-quatre; je l'avouë, mais les assiégeans qui peut-être n'entendront pas bien la régle

de

de proportion, n'y feront pas une moindre mine, une moindre brêche, enfin n'employeront pas moins de monde à les attaquer, & il y en aura beaucoup moins d'employé à les défendre.

Il n'y a donc que le Comte de Pagan qui puisse me reprocher l'inégalité de la force des tenailles de ma fortification irréguliére, & me dire qu'elle fait connoître à l'ennemi d'un coup d'œil, le côté le plus foible de la place, & par conséquent celui qu'il doit attaquer. Mais premiérement ce côté, quoi que le plus foible, est plus fort que s'il étoit construit selon sa méthode, comme je l'ai démontré; secondement, l'avantage est tout au moins égal, le Gouverneur est bien aussi sçavant des defauts de sa place que l'ennemi; & si l'un sçait ce qu'il doit attaquer, l'autre sçait bien aussi par où il doit s'attendre de l'être, & quelles précautions il doit prendre.

Je fais si peu de cas de la quatriéme objection, que je l'aurois passée sous silence, si je n'eusse voulu détromper ceux qui pourroient donner dans la fausse démonstration d'un avantage qui ne seroit pas de grande conséquence, quand même il seroit réel. Voici la démonstration dont se servoient ceux qui m'ont fait cette objection.

Supposez, me disoient-ils, que les faces de vôtre bastion formant un angle droit soient A B C figure 9. planche 2. & leur parapet DED si les faces formoient un angle obtûs de cent vingt degrez, ce qui arrive quelquefois dans le flanc

flanc razant, elles seroient C B F, & leur parapet D G H seroit plus grand que celui de l'angle droit de l'espace E G; & cela joint à la facilité que l'obtuosité de l'angle donne au recul du premier canon, feroit trouver la place d'un canon au flanc razant plus qu'au fichant.

Ce raisonnement seroit juste, si l'autre côté du parapet G H s'augmentoit autant que celui-ci; mais bien loin d'augmenter il diminuë de quelques pieds, & l'on ne peut connoître la différence qu'il y a du parapet de l'angle obtûs au parapet de l'angle droit, qu'en partageant aux deux côtez de l'angle droit, la différence de l'obtûs au droit. Par exemple, dans la démonstration précédente, l'angle obtus a trente degrez au dessus de nonante, il ne faut pas mettre ces trente degrez tout d'un côté, comme on les mettoit dans cette démonstration; mais il en faut partager quinze d'un côté, & quinze de l'autre, comme en celle qui suit, parce que le bastion est formé obtus par des lignes qui se tirent à sa pointe du pied des deux flancs qui lui sont opposez, & non pas par une seule ligne tirée du pied de l'un des flancs; autrement le bastion ne seroit pas régulier.

Voici donc de quelle maniére ceci doit être démontré.

Sur le bastion à angle droit, dont les faces sont A B C, figure 10. planche 2. & le parapet D E D, si on forme un bastion dont l'angle flanqué ait cent vingt degrez d'ouverture, en ajoûtant quinze degrez de chaque côté, les faces supposées de même longueur que

les

les autres, seront FBF; & leur parapet G HG ne sera augmenté par la pointe qu'environ de trois pieds, ce qui ne paroît pas valoir la peine d'être allégué comme un avantage du flanc razant, vû même qu'il arrive rarement que l'angle flanqué ait cent vingt degrez d'ouverture; & s'il en a moins, l'augmentation du parapet sera encore moindre. Quant à la facilité du recul du premier canon, elle n'est pas de conséquence, puis qu'elle ne sert que lors qu'on est obligé de tirer sur le prolongé de la face, & qu'en ce cas on peut se servir dans la premiére embrazure, d'une petite piéce qui n'ait pas besoin de recul. On a donc tort de soûtenir qu'on peut mettre plus de canon sur les faces qui forment un angle obtus, que sur celles qui forment un angle droit, supposées d'égale longueur: & quand même on en pourroit mettre un de plus, je ne crois pas que cet avantage dût prévaloir sur tous ceux qui se rencontrent dans l'usage du flanc fichant; ce ne seroit un avantage que lors qu'il y auroit des demi-lunes devant les courtines, autrement les courtines qui sont plus longues dans ma méthode que dans celle du Comte de Pagan & de Monsieur de Vauban, suppléroient au defaut des faces: enfin ne suffit-il pas de pouvoir couvrir & manier aisément dix canons sur la face d'un bastion, ce sont vingt canons pour chaque attaque; & si l'on est obligé de fournir à deux ou trois attaques, il faudra quarante ou soixante canons, sans compter ceux dont les flancs ont toûjours besoin

besoin ; il y a peu de places si bien garnies d'artillerie. Je pourrois encore alléguer d'autres raisons dont je ne veux point fatiguer ceux qui conçoivent bien d'abord que cette objection n'est qu'une chicane ; & d'ailleurs il est inutile de m'en faire de pareilles, si on convient que le flanc fichant défend mieux que ne fait le razant le bastion qui lui est opposé, & je crois l'avoir assez bien prouvé pour m'en tenir au fichant dans toute ma méthode.

Article II.

De l'angle flanqué.

J'Ay déja dit que le Chevalier de Ville démontroit dans son Traité de fortification, qu'il est aussi difficile de rompre la pointe d'un bastion à angle droit, que celle d'un bastion à angle obtus ; & ceux qui ne croiront pas cette verité, n'auront qu'à lire ses démonstrations pour en être convaincus. J'ai prouvé aussi que les faces doivent tirer de la courtine autant de feu qu'il se peut sans diminuer la force des autres parties de la fortification ; & c'est sur ces deux maximes que je régle l'ouverture de l'angle flanqué, la premiére établissant pour la perfection de cet angle l'ouverture de nonante degrez, fait assez comprendre que plus il approche de cette ouverture, plus il est parfait ; & tous ceux qui se mêlent de fortifier, conviennent qu'il ne doit jamais avoir moins de soixante degrez. La seconde empêche de le faire plus ouvert ; car puis que l'angle flanqué est aussi fort étant droit, qu'étant obtus, & qu'on doit prendre dans la courtine autant de feu qu'il est possible, il faut donc s'en tenir à l'angle droit qui tire plus de feu de la courtine que l'obtus. On pourroit néanmoins relâcher quelque chose de cette derniére maxime, dans les poligônes dont l'angle de la circonférence passe cent cinquante degrez, & dans les bastions construits sur la ligne droite.

Quoi que je sois bien persuadé que l'angle droit est meilleur qu'un plus aigu, cependant je n'ai pas affecté de donner cette ouverture à mon angle flanqué dés l'hexagône comme a fait le Chevalier de Ville, parce que je trouve comme lui qu'il y a trés-peu de différence de la force d'un angle droit à celle d'un angle qui a huit ou dix degrez de moins, & que ces huit ou dix degrez qui affoiblissent trés-peu la pointe du bastion, augmente considérablement sa défense, en me donnant lieu de prendre douze ou quinze toises de feu dans la courtine, & de placer quelques canons de plus sur mon flanc haut. Je crois que l'ennemi ne s'amusera pas à rompre la pointe d'un angle qui aura plus de soixante & dix degrez ; & je suis persuadé que s'il le fait, il se repentira d'avoir consommé inutilement ses munitions. J'ai réglé sur cette opinion qui me paroît bien fondée, l'ouverture de l'angle flanqué des premiéres figures de la nouvelle fortification dont je mettrai des desseins à la fin de de ce Traité. Pour donner plus de force & de résistance à ces angles aigus, je crois qu'il est bon de n'élever leur pointe que depuis le fond du fossé, jusques à deux pieds du niveau de la campagne, & de couper le reste par un arondissement qui joigne les faces à deux toises de l'angle flanqué. Cette coupure ne pourroit faire aucun tort à la place, & elle épargneroit de la maçonnerie, qui en temps de siége ne serviroit qu'à remplir le fossé de ses ruïnes.

Article III.

De la ligne de défense.

Quoi que l'expérience de toutes les nations, & l'exemple de mes trois guides, m'autorisent assez à donner cent cinquante toises à ma ligne de défense, je ne laisserai pas de détruire en passant les raisons de certains Auteurs qui ne veulent pas qu'on lui donne plus de cent trente toises.

La raison la plus apparente qu'ils alléguent, c'est que les mousquets communs ne portant que cent trente toises de but en blanc, on ne doit pas éloigner davantage la pointe d'un bastion du flanc qui doit la défendre.

Premiérement je conviens que les mousquets ordinaires ne portent pas plus de cent trente toises de but en blanc, mais cela n'empêche pas qu'ils ne tuënt un homme à coup perdu à plus de cent soixante & dix; & comme dans un assaut l'on ne tire qu'à coup perdu, il eſt inutile de ſonger à la portée de but en blanc.

Secondement, l'ennemi ne s'attache ordinairement qu'à vingt toiſes de la pointe du baſtion, & en ce cas mes flancs ne ſeront éloignez de la brêche que de cent trente toiſes.

Troiſiémement, les canons ne font pas tant d'effet dans ces petites lignes de défenſe, ce que j'ai déja démontré.

Enfin, pour ſatisfaire entiérement ces Auteurs, & même pour tirer de mes flancs retirez tout l'avantage qu'ils peuvent fournir, il faut avoir une ſale d'armes garnie de ſept à huit cens fuſils boucaniers, ou même davantage ſelon la grandeur de la place, & on les donnera aux ſoldats logez dans les endroits les plus reculez.

Je ne propoſe point une nouveauté; il y a fort peu de places qui ne ſoient fournies de mouſquets renforcez, & j'en ai vû juſques à ſix mille dans une ſeule: mais je ne voudrois pas qu'on ſe réglât ſur cet arſenal pour le nombre des armes, ni pour le modelle. La plûpart des mouſquets qu'on me montra, étoient fort épais de fer, ils n'avoient pas le calibre plus large que les mouſquets communs, & ils étoient plus peſans que les biſcayens. Il me ſemble qu'il eſt inutile qu'un canon de mouſquet ſoit renforcé juſques à la bouche; ce n'eſt que vers la culaſſe que ſe fait le grand effort, & l'on voit rarement des canons crever à plus d'un pied de la lumiére. Ainſi cette épaiſſeur continuée juſques

ques à la bouche ne me paroît propre qu'à rendre un arme pesante. Les mousquets qu'on nomme biscayens sont mieux entendus que ceux-ci, ils ne pésent pas tant, ils sont d'un fort gros calibre, & ils ne sont épais de fer que vers la culasse. Les uns & les autres ne portent fort loin, que parce qu'on met la charge plus forte qu'à l'ordinaire sans appréhender qu'ils crévent ; mais ces fortes charges fatiguent beaucoup les tireurs, & les armes boucaniéres qui ne repoussent point, me semblent plus commodes pour la défense de la brêche & de l'approche. Ces armes boucaniéres sont des fusils dont se servent les chasseurs des Isles, & principalement ceux de saint Domingue. Le canon est long de quatre pieds & demi, & tout le fusil est long de quelques cinq pieds huit pouces. La batterie est forte comme elle le doit être à des armes de fatigue, & le calibre est d'une once de balle. La longueur du canon donne tant de force au coup, que les boucaniers prétendent que leurs fusils portent aussi loin que les canons, & qu'ils ne trouvent point d'armes à l'épreuve ; effectivement ils se tiennent assurez de tuer à trois cens pas, & de percer un bœuf à deux cens. C'est de ces fusils que je voudrois que les sales d'armes fussent garnies, & je les estimerois mieux avec des platines de fusil qu'avec des platines de mousquet, parce qu'avec un fusil un bon tireur qui manque rarement de tuer, peut choisir les Officiers & les soldats les plus hardis, & l'on ne doit point s'arrêter aux avantages de la mêche : des batteries aussi fortes que celles-là ratent trés-rarement , & leurs pierres ne s'usent que trés-peu & ne se cassent point ; outre qu'au pis aller on pourroit avoir des platines , fusil & mousquet tout ensemble , comme j'en ai vû cette année à la premiére Compagnie du Régiment de Nivernois. Il est vrai qu'il se trouve peu de bons tireurs dans les troupes ; mais si au lieu de fatiguer les soldats & même les Officiers subalternes par tant d'exercices , on les faisoit tirer au blanc ; & si on proposoit des prix même de peu de valeur aux tireurs les plus adroits , & des petites punitions à ceux qui tireroient excessivement mal ; dans peu chaque Régiment pourroit fournir un bon nombre de soldats sûrs de leur coup.

Il y a un Auteur moderne , qui ne veut pas que la ligne de défense ait plus de cent trente toises , parce qu'il dit , que le plus souvent dans un assaut on ne bourre point afin d'entretenir un feu continuel.

Ce seroit une riche invention pour consommer des munitions inutilement. Je sçais bien que les assiégeans qui sont au fond du fossé , ou sur le bord de la contrescarpe , & qui par conséquent sont obligez de lever le bout de leurs mousquets pour tirer aux parapets , peuvent épargner le temps qu'ils dévroient employer à bourrer , si leurs balles sont justes au calibre , parce que la pesanteur de la balle répare le defaut de bourre , & qu'elle résiste assez pour empêcher que le feu ne sorte hors du canon avant que la meilleure

leure partie de la poudre ſoit conſommée : Mais je ne vois pas comment on pourroit baiſſer le bout d'un mouſquet comme il le faut baiſſer pour tirer du haut du rempart au fond du foſſé, ſans que la balle tombât ſi elle n'étoit pas bourée ; & s'il a voulu dire qu'on ne bourroit que deſſus la balle, c'eſt un abus auquel les Officiers doivent donner ordre. Si on ne bourre deſſus & deſſous lors que le coup va en baiſſant, la balle ne peut pas être pouſſée avec autant de violence que quand le coup eſt élevé, parce que ſa peſanteur appuyant ſur la bourre qui la retient, elle aide au feu à rompre cet obſtacle, ſans donner le temps à la poudre de ſe conſommer entiérement pour le premier effort ; à quoi le ſoldat remédieroit en bourrant ſur la poudre, & le peu de temps qu'il épargne par cette précipitation, ne doit pas l'empêcher d'en prendre autant qu'il en a beſoin pour être aſſuré de ne tirer pas inutilement.

Ceux qui ne ſeront pas ſatisfaits de ces raiſons peuvent réduire la longueur de leur ligne de défenſe à cent quarante toiſes, ou ſe ſervir de ma moyenne fortification, dans laquelle elle n'eſt que de cent trente. Mais s'ils la réduiſent à cent quarante, il ne faut pas qu'ils donnent moins de vingt-quatre toiſes à leurs flancs.

ARTICLE IV.

Du côté.

DANS la grande fortification, ou pour m'expliquer mieux, dans la fortification dont la ligne de défense a cent cinquante toises de longueur, qui est la plus grande qu'on puisse lui donner; les côtez de tous les poligônes ne sont pas d'une même grandeur, parce que la ligne de défense vient beaucoup plus longue dans les figures au dessous de sept côtez, que dans les figures au dessus, les unes & les autres ayant les flancs d'une même longueur, & les demi-gorges également proportionnées à leurs côtez. Il faut donc régler, comme j'ai fait, la grandeur du côté, en sorte qu'avec certaine proportion des demi-gorges au côté, & certaine longueur de flanc; la ligne de défense n'excéde pas cent cinquante toises. Il n'en est pas de même dans la moyenne ni dans la petite fortification, où les côtez de tous les poligônes peuvent être égaux, sans qu'il y ait lieu d'appréhender que la ligne de défense ne soit trop longue.

Cette distinction de grande & de moyenne fortification n'oblige point à s'arrêter précisément à l'une ou à l'autre; on peut prendre tel milieu qu'on voudra, & même il me semble assez inutile de donner la construction des poligônes de la moyenne fortification passé l'eptagône, puis qu'un eptagône de la grande

grande eſt plus fort, coûte moins, & renferme plus de terrain que l'octogône de la moyenne.

La même raiſon m'a empêché de donner des deſſeins de l'hexagône de la petite auſſi-bien que des poligônes qui ont plus de ſix côtez; j'enſeigne ſeulement la conſtruction de ſon quarré & de ſon pentagône, dans laquelle on peut avoir des vûës différentes de celles qui doivent régler le choix du poligône dans les grandes places. Par exemple on peut préférer le pentagône de la petite, au quarré de la grande, parce que ſon angle flanqué eſt moins aigu; j'aimerois mieux néanmoins me ſervir du grand quarré, s'il me faloit faire des dehors, & principalement des ouvrages à corne. Ces ouvrages auroient plus de front étant conſtruits ſur une tenaille du grand quarré, qu'ils n'en auroient s'ils l'étoient ſur une tenaille du petit pentagône, & leurs aîles ſeroient bien mieux défenduës par les faces du baſtion du quarré, qui ſont beaucoup plus longues que celles du pentagône.

Une autre raiſon qui m'oblige encore à donner des deſſeins de toutes les grandeurs pour ces deux figures, qui ordinairement ne ſervent que de citadelles, & ſur tout pour les quarrez; c'eſt que le Prince n'eſt pas toûjours en état, ou pour mieux dire, n'a pas toûjours beſoin de faire bâtir de grandes citadelles. Si ſes ordres obligeoient à faire un quarré plus petit que celui de ma petite fortification, il faudroit le calculer en ſorte que les flancs pussent tenir ou quatre, ou trois, ou tout au moins deux canons dans le flanc retiré, & qu'ils eussent des orillons épais au moins de six toises. Les fortins dont les flancs seront moins longs que ces derniers, ne sont propres qu'à servir de forts de campagne ; & c'est flatter le Prince d'une épargne pernicieuse, que de lui en faire bâtir de tels, pour tenir en bride des places d'importance. Nous avons un exemple de ceci dans la citadelle d'une des meilleures Villes de France, dont les habitans sur un projet de république mal conçû, avoient voulu se mettre sous la protection des ennemis du Roi. On crut faire une belle épargne en ne bâtissant qu'un fortin dont les côtez n'étoient longs que de vingt-six toises, & les flancs de quatre. Aprés qu'il fut bâti, & qu'on se fut avisé de reconnoître qu'il étoit impossible de soûtenir le moindre effort dans une si petite place, qui d'ailleurs ne commandoit pas assez à la mer ; on se trouva obligé d'y faire une enceinte, qui est une seconde citadelle aussi mal entenduë que la premiére ; & ces deux citadelles qui ne valent rien, ont coûté deux fois plus qu'une bonne. Cela ne seroit pas arrivé, si l'Ingénieur qui donna le dessein de la premiére avoit eu assez de zéle & de capacité, pour faire voir au Conseil le fruit que les ennemis du Roi pouvoient tirer de cette œconomie, s'il eût representé qu'une si petite place ne pouvoit pas loger assez de soldats pour réprimer l'insolence ou la rébellion d'un grand peuple ; que les flancs n'én'étant pas assez amples, ils ne pouvoient pas bien défendre la brêche ; que le peu de longueur des courtines obligeoit de donner trop de pente aux parapets des flancs, qu'une seule mine pouvoit ruïner presque tout un côté : enfin on doit ajoûter en ce temps-ci, qu'il seroit impossible d'y demeurer, si celui qui l'attaqueroit, vouloit y jetter beaucoup de bombes.

ARTICLE V.

Des Demi-gorges.

Monsieur de Vauban & le Comte de Pagan laissent augmenter leurs demi-gorges avec l'angle de la circonférence ; ce qui est bien imaginé, suivant les principes du flanc razant, pour rendre leurs méthodes aisées, parce qu'il n'y a pas plus de façon à construire une figure que l'autre : mais il me semble qu'il eût encore mieux valu suivre la méthode la plus commune, qui n'augmente que le flanc, laissant toûjours les demi-gorges d'une même grandeur, de quelque ouverture que soit l'angle de la circonférence. Un dodécagône dont les demi-gorges seront de treize ou de quatorze toises plus grandes que celles d'un hexagône, ne sera pas pour cela plus fort, si leurs flancs sont égaux, & si le bastion de l'hexagône fournit assez de place pour un bon retranchement. Mais un dodécagône qui aura dix toises de flanc, ou qui tirera vingt-cinq, ou

 tren-

trente toiſes de feu de la courtine plus que l'hexagône, ſera ſans doute beaucoup plus fort. Ce n'eſt pas à dire pour cela qu'il ne faille jamais augmenter les demi-gorges, il faut ſeulement éviter un excés qui peut diminuër la force de la place. Les Auteurs qui les ont fixées à certaine proportion, comme à la ſixiéme partie du côté, n'ont pas pris garde que le front d'un baſtion conſtruit ſur deux côtez formans un angle de cent cinquante degrez, étoit plus petit & moins capable d'un bon retranchement, que celui du baſtion qui ſeroit formé ſur un angle de cent trente-cinq. Pour remédier à cet inconvénient qui n'eſt pas néanmoins fort conſidérable, ayant trouvé que je pouvois tracer un retranchement aſſez ample dans le baſtion de l'octogône, dont les demi-gorges étoient la cinquiéme partie du côté: Je me ſuis ſervi de cette proportion depuis le pentagône, & pour rendre les retranchemens des poligônes de plus de huit côtez auſſi forts que ceux de l'octogône, je donne aux demi-gorges dix pouces, ou un pied plus que la cinquiéme partie du côté, autant de fois qu'il ſe trouve de degrez d'augmentation à leur angle de la circonférence au deſſus de cent trente-cinq, ce qui rend tous mes baſtions également propres à être bien retranchez ſans diminuër beaucoup le feu de la courtine qui eſt fort grand dans ces figures. On peut auſſi augmenter la longueur du côté, & donnant aux demi-gorges la moitié des toiſes que le côté aura au deſſus de cent cinquante, laiſſer

laisser toûjours les courtines longues de nonante toises. J'avouë que ces petites particularitez ne contribuënt pas à rendre ma méthode aisée ; aussi n'est-ce pas mon dessein d'imiter les Auteurs qui s'attachent à donner des méthodes cavaliéres qui ne sont propres qu'à laisser une legére teinture de toutes les parties d'une fortification à ceux qui n'ont pas besoin d'être plus sçavans. Je crois qu'on ne doit rien négliger pour se procurer jusques aux moindres avantages.

J'ai pratiqué dans le quarré tout le contraire de ce que j'ai fait dans les poligônes de plus de huit côtez, j'ai diminué cette proportion des demi-gorges pour aggrandir les flancs, n'ayant pas trouvé de meilleur moyen d'égaler en quelque façon la force de cette figure à celle des autres. Quelque augmentation que j'eusse pû faire dans ses demi-gorges, elle ne m'auroit pas donné la place d'un retranchement en tenaille, j'eusse diminué les flancs qui font la partie la plus considérable de la défense, & vingt-cinq, ou vingt toises de demi-gorge suffisent pour mes flancs retirez.

La proportion que le Chevalier de Ville observe dans ses demi-gorges, ne s'accommoderoit pas avec ma maniére de construire l'orillon qui est tout autre que la sienne. Il ne leur donne que la sixiéme partie du côté, & si les miennes n'étoient pas plus grandes, je n'aurois pas assez de place pour les retranchemens, & les faces de mes bastions seroient trop courtes. Cette proportion n'est pro-

propre que pour les forts de campagne, où l'on fait rarement des orillons.

ARTICLE VI.

Des Flancs.

LEs flancs conservent toûjours une même longueur dans la méthode du Comte de Pagan de quelque grandeur que soit le côté, depuis cent dix toises, jusques à cent cinquante & plus, ce qui fait un trés-bon effet dans l'irréguliére; car si les angles flanquez des petits côtez deviennent plus aigus, qu'ils ne seroient les flancs étant proportionnez au côté, cela n'est considérable que dans le pentagône. Lors que les angles de la circonférence se trouvent fort ouverts, on ne s'apperçoit que de la grandeur du flanc; & la diminution de l'angle flanqué est insensible. D'ailleurs, quand même un petit côté ne formeroit qu'un angle de cent huit degrez, comme au pentagône, s'il se trouve joint à un grand côté, la diminution de l'angle flanqué sera moindre.

Soit le côté AB de cent dix toises, fig. 7. planche 4. le côté BD de cent quarante, formans ensemble un angle de cent huit degrez. Si chaque côté n'étoit long que de cent dix toises, comme AB & BC, les demi-gorges seroient BG & CE, & l'angle flanqué EHE seroit fort aigu; mais parce que le côté de cent quarante toises est joint à ceà celui de cent dix, l'angle flanqué est FIE, qui n'est pas si aigu que EHE.

M. de Vauban & le Chevalier de Ville proportionnent leurs flancs aux côtez de leurs poligônes, sans se soucier de l'inégalité que cette proportion cause dans l'irréguliére : pour moi qui crois qu'on doit l'éviter, quand on le peut faire utilement, je fais tous mes flancs égaux autant que je puis ; sur un côté long de cent cinquante toises comme il est dans ma grande fortification, je leur donne la sixiéme partie du côté, & vingt-quatre toises sur un côté qui est long depuis cent quarante-quatre jusques à cent dix, afin de pouvoir toûjours mettre six canons sur le flanc retiré ; je diminuë un peu le second flanc & l'ouverture de l'angle flanqué dans ces petits côtez. Dans les quarrez de ma moyenne fortification, les flancs n'ont que vingt-trois toises & demie de longueur, & ils n'en ont que vingt-une dans le quarré de la petite, ces sortes de figures ne pouvant pas être aussi bien fortifiées que les autres. Elles paroissent l'être mieux dans ma méthode que dans celle du Comte de Pagan, qui a été obligé de diminuër la longueur des flancs pour augmenter celle des demi-gorges qu'il avoit besoin de tenir extrémement vastes, pour y trouver la place de ses trois flancs retirez. La scituation qu'il donne à tous ses flancs, est peut-être plûtôt fondée sur cette raison, que sur les expériences par lesquelles il dit avoir été convaincu du peu d'effet dont les flancs perpendiculaires sur la cour-

tine

tine sont capables. Quelque apparence qu'il y ait que ce peu d'effet soit venu de la maniére de tracer le fossé dont j'ai parlé dans les premiéres pages, ou du manque d'orillon, ou de ce que le revers en étoit paralelle à la courtine, ou bien du peu de bravoure, ou de l'impuissance des assiégez, je veux bien en croire ces expériences, & je conviens qu'il est bon d'incliner un peu les flancs vers les bastions qu'ils doivent défendre; mais il ne faut pas abandonner le soin de la défense des courtines, pour ne songer qu'à celle des bastions. Il vaut mieux imiter Monsieur de Vauban qui a pris un milieu entre le flanc perpendiculaire sur la ligne de défense, & le flanc perpendiculaire sur la courtine, afin de rendre les siens également propres à bien défendre la courtine & les faces. Je ne puis pas donner aux miens la même scituation à l'égard de la ligne de défense, ils ne l'ont qu'à l'égard de la courtine, & de la maniére que je les construis, la longueur de la ligne de défense se prend derriére le parapet, & non pas au pied du flanc.

On s'étonnera peut-être que je n'aye point balancé à augmenter le feu de la courtine, plûtôt que les flancs; mais on connoîtra par la nouvelle fortification qui est à la fin de ce Traité, que je n'ai pas suivi en cela mon penchant, & que j'ai voulu éviter l'augmentation des frais, & la diminution de la place, qui eussent rebuté bien des gens.

Article VII.

Des Faces.

JE n'ai point déterminé la longueur des faces qui change dans toutes les figures, il me semble qu'on ne doit pas se mettre en peine de leur longueur, pourvû qu'elles soient bien flanquées; on observera seulement de les faire assez grandes pour bien défendre les dehors, & j'ai fait voir en réfutant la quatriéme objection des partisans du flanc razant, qu'il étoit inutile de tenir les faces d'une longueur excessive; cela ne se peut faire même qu'en diminuant leur défense.

Article VIII.

Des Courtines, & du second Flanc, ou feu de la Courtine.

ON a toûjours préferé les courtines droites à tous les différens desseins de courtine qui ont été proposez, dont les uns diminuoient la dépense & la force de la place; les autres tendoient à augmenter la force, mais ils augmentoient aussi les frais, & rendoient les places plus petites. La grandeur du côté, & la largeur des demi-gorges, réglent la longueur des courtines; & le second flanc, qui est cet espace de la courtine qui découvre toute la face du bastion,

ſtion, eſt plus ou moins grand, ſelon que l'angle de la circonférence du poligône eſt plus ou moins ouvert. Il eſt égal ou à la moitié du flanc, ou à la moitié de la demi-gorge dans les figures dont l'angle flanqué eſt aigu, & je n'ai pas beſoin d'en déterminer la grandeur pour conſtruire le baſtion, lors que l'angle flanqué eſt droit.

Cette défenſe dont le Comte de Pagan dit que les pentagônes & les hexagônes ſont privez ou peu ſecourus, me fournit néanmoins aſſez de place dans ces figures, pour loger ſur l'extrémité des flancs que je prolonge quelques canons, qui découvrent toute la face du baſtion, ce qu'ils ne feroient pas ſi le flanc étoit razant. Outre que j'éléve le prolongé du flanc, je tiens encore la courtine plus baſſe d'une toiſe que les flancs & les faces; afin que ces canons puiſſent battre le fond du foſſé, & que les mouſquetaires qui ſeront placez ſur le feu de la courtine, tirent plus aiſément au pied de ces faces. Il ſuffit que le rempart de la courtine ſoit élevé de deux toiſes au deſſus du niveau de la campagne, pour mettre une partie des maiſons à couvert du canon; & quelque élevation qu'on lui donnât, il ne les mettroit pas à couvert des bombes: ainſi la hauteur du rempart n'empêchera pas l'ennemi de ruïner les maiſons s'il en a envie. Lors qu'il y a des dehors, ſi l'on appréhende qu'un rempart ſi peu élevé ne les commande pas aſſez, on y remédiera par des cavaliers, auſſi bien le foſſé fournit-il de la terre de reſte.

ARTI-

ARTICLE IX.

De l'Orillon.

De toutes les parties de la fortification l'orillon bien construit est celle qui donne plus de moyen de nuire à l'ennemi dans le passage du fossé, & qui embarasse plus le mineur en quelque endroit qu'il s'attache.

Les Hollandois n'en font jamais, soit qu'ils prétendent que les flancs plats découvrent mieux la campagne, soit qu'ils croyent que leurs flancs sont assez couverts par les dehors qu'ils mettent ordinairement devant les courtines. Mais les flancs ne doivent être destinez qu'à la défense du corps de la place. S'ils servent quelquefois de contrebatterie, ce n'est que pour répondre aux batteries que les assiégeans font pour rompre leurs parapets, & l'orillon n'empêche pas qu'on ne les employe à cet usage ; puis qu'en ôtant la vûë des batteries ennemies à quelques canons du flanc retiré, il cache en même temps ces canons aux batteries ennemies ; ce qui est avantageux à ceux de la place, parce que l'assiégeant qui est obligé de rompre ces parapets tôt ou tard, ne ruïne qu'en deux reprises, ce qu'il ruïneroit en même temps sur des flancs plats. Tous les dehors, à l'exception des contregardes, laissent du jour pour battre les flancs, qui d'ailleurs sont décou-

découverts de tous côtez d'abord que ces dehors sont gagnez.

L'expérience a trop bien fait voir de quelle conséquence il étoit d'avoir un ou deux canons, tellement cachez que l'ennemi ne pût les démonter, & qui cependant découvrissent le mineur, la brêche, & une partie du fossé, pour prendre garde au peu de dépense que ces sortes d'ouvrages peuvent causer : Outre cela l'avantage que l'on peut en tirer d'avoir double flanc couvert, m'a tellement convaincu de leur utilité, que je soûtiens qu'une place n'est point bien fortifiée si elle n'en a, & que les flancs plats ne sont propres que pour des forts de campagne, dans lesquels même je ne m'en servirois pas, si leurs flancs me fournissoient la place d'un orillon.

Le Chevalier de Ville a fort bien évité dans la construction de son orillon, la faute de ces anciens Auteurs dont parle le Comte de Pagan, qui pour cacher leur premier canon à l'ennemi, cachoient aussi l'ennemi au canon. Il fait donner le revers à l'extrémité de l'angle flanqué, & par ce moyen il couvre son premier canon, de maniére qu'il ne laisse pas de voir toute la face du bastion avec une partie du fossé : mais ses flancs retirez sont trop petits ; & d'ailleurs comme son orillon est composé du prolongé de la face du bastion, les flancs à orillon deviennent beaucoup plus petits que les flancs plats.

Soit le flanc destiné à faire l'orillon A B, figure

figure 8. planche 4. éloigné du flanc plat CD de huit toiſes ; il eſt évident que le prolongement de la face du baſtion ne laiſſera pas au flanc AB la hauteur du flanc plat CD ; mais qu'il le coupera en E, & que plus le flanc fichera, plus cette diminution ſera conſidérable.

Monſieur de Vauban & le Comte de Pagan ont trouvé le moyen de corriger cette faute en faiſant rentrer leur orillon dans le baſtion, au lieu de le faire ſortir, & en prolongeant la ligne de défenſe, au lieu de prolonger la courtine. Cette conſtruction augmente la grandeur du flanc bien loin de la diminuër, & l'on peut toûjours compter dans leur méthode, que les flancs à orillon ſont plus grands de quelques pieds que les flancs plats ; au lieu que dans celle du Chevalier de Ville, il ſe trouve toûjours quelques toiſes de moins.

Le Comte de Pagan fixe l'épaiſſeur de ſon orillon à la moitié de ſon flanc, & Monſieur de Vauban au tiers. Je ne vois pas quelles raiſons ils peuvent avoir de proportionner cette épaiſſeur à la longueur du flanc. Il me ſemble qu'il vaut bien mieux ſe déterminer tout d'un coup à certain nombre de toiſes qui ſoit capable de couvrir le flanc ſans pouvoir être ruïné, & qu'il eſt auſſi inutile ou plûtôt pernicieux de l'augmenter paſſé ce nombre, que d'augmenter l'ouverture de l'angle flanqué paſſé nonante degrez, puis qu'un orillon plus épais ne couvrira pas mieux les flancs, & qu'il les diminuëra beaucoup.

coup. Supposant par exemple qu'un orillon épais de sept toises ne puisse être ruiné, que servoit-il au Comte de Pagan de lui en donner douze ? Ne voyoit-il pas bien qu'en laissant à son orillon cinq toises qui lui sont inutiles, il en ôtoit cinq à chacun de ses trois flancs, & qu'il eût bien mieux valu avoir dix toises de flanc qui auroient fort bien servi, que d'augmenter inutilement l'épaisseur de son orillon.

La proportion de Monsieur de Vauban est bien mieux entenduë pour plusieurs raisons; mais s'il se trouvoit des flancs hauts de quinze toises, ou même de moins, le tiers de ces flancs ne seroit pas capable de toute la résistance nécessaire.

Je fais mes orillons épais de sept toises dans tous mes flancs, & l'exemple de M. de Vauban m'autorise à dire que cette épaisseur est capable de résister à toute sorte d'efforts, puis qu'il y a des orillons dans sa nouvelle ville de Toulon qui ne sont épais que de six toises, & que les autres de la même ville ne le sont pas tout à fait de sept.

Je change fort peu de chose à la construction du revers, je le fais donner dans la face opposée à deux, trois ou quatre toises de la pointe de l'angle flanqué, selon que cet angle est plus ou moins ouvert, cela diminuë fort peu de la vûë du fossé au canon caché, qui seroit sujet à être découvert dans les places dont les angles flanquez sont fort aigus, comme dans les quarrez & dans les pentagônes, si le revers donnoit justement à la pointe du bastion ; car cette pointe ne couvriroit plus la premiére embrazure, si on en rompoit une toise, ou davantage, ce qui peut arriver lors que l'angle flanqué est fort aigu.

Si l'ennemi s'avisoit d'attaquer la courtine, on pourroit loger sur ce revers deux piéces de canon qui seroient enriérement couvertes, & qui battroient la brêche à dos.

Article X.

Des Flancs retirez & des Places basses.

Le Comte de Pagan fait ses flancs retirez droits comme tous les autres Auteurs, & Monsieur de Vauban forme les siens d'un arc, qui est la sixiéme partie d'un cercle. Ces flancs circulaires qui ne le sont point excessivement, valent mieux que les flancs plats ; leurs merlons sont plus larges, car il est visible qu'une ligne courbe est plus longue que la droite qui en est la corde ; par conséquent ils sont plus forts, & il y a place pour quelques mousquetaires de plus ; il semble que leurs murailles doivent mieux soûtenir l'orillon & les terres, parce qu'elles forment une espéce de voute ; & le terrain qu'ils gagnent en rentrant dans le bastion, m'a donné l'idée d'une place basse, dont je me sers utilement dans la moyenne & dans la petite fortification. Le mépris que M. de Vauban paroît avoir pour cette sorte de défense, la feroit condamner

dans

dans mes desseins, si je n'en justifiois l'usage.

Avant que l'art de bombarder eût atteint ce point de perfection, où il est à present, on n'avoit pas besoin de prendre beaucoup de précautions dans la construction des places basses; il suffisoit de les faire larges de sept à huit toises, dont il y en avoit trois qui étoient occupées par le parapet, & le reste étoit destiné au recul, & au service du canon; ce sont les proportions que le Comte de Pagan donne aux siennes. Il a écrit son Traité de fortifications, dans un temps où le peu d'adresse des bombardiers ne donnoit pas encore lieu d'appréhender beaucoup les bombes; & il est certain qu'on pouvoit alors augmenter la force de la place, en mettant comme il a fait trois cazemattes derriére chaque orillon, dont la premiére est de deux toises plus haute que la seconde, la seconde est aussi de deux toises plus haute que la troisiéme, & la troisiéme est élevée de deux toises au dessus du niveau du fossé. Mais les Bombardiers sont devenus tellement adroits, & l'on sacrifie les bombes avec tant de profusion, qu'il seroit trés-difficile de rester dans des places basses aussi étroites que celles-là. On ne pourroit pas fournir d'afuts à leurs canons que les bombes démonteroient à chaque instant, & les soldats & les canonniers auroient de la peine à éviter les éclats.

Cette nouvelle invention, ou plûtôt la perfection où les derniéres guerres l'ont portée, oblige donc à se précautionner tout autrement

trement qu'on ne faisoit contre le canon seul, & Monsieur de Vauban a crû que la meilleure précaution qu'on pût prendre, c'étoit de ne point faire de place basse. Cependant comme les flancs de quelques-unes de ses fausses brayes ne différent des places basses, qu'en ce qu'ils sont fort éloignez du flanc haut, on pourroit conjecturer de là, qu'il cherche à éloigner le flanc bas du flanc haut; soit pour embarasser les Bombardiers, qui ne font pas si aisément tomber les bombes proche les canons quand les places basses sont fort larges, soit pour donner lieu aux soldats & aux canonniers d'éviter les éclats de la bombe en s'éloignant de l'endroit où elle se feroit arrêtée. On a fait plus dans la Citadelle de Strasbourg, toute la fausse braye est séparée de la courtine & des flancs, par un fossé large environ de trois toises, & aussi profond que celui de la place.

Cette séparation apporte quelque obstacle aux surprises, elle facilite les sorties, & elle empêche que les bombes ne fassent autant de degât qu'elles en feroient, s'il y avoit un terre-plein au lieu du fossé intérieur; car les éclats de celles qui tombent dans ce fossé, ne peuvent nuire sur le rempart de la place basse, ni aux hommes, ni aux canons.

Les deux premiéres considérations ne me paroissent pas assez fortes pour m'obliger à séparer mon flanc bas de tout le corps de la place. Je crois au contraire qu'il est trés-avantageux qu'il soit joint à l'orillon, & qu'il en soit tellement couvert qu'il ne puisse être enfilé. Les places sont gardées à present d'une maniére qui ne donne guéres lieu aux surprises, s'il n'y a de la trahison mêlée ; & d'ailleurs cette séparation n'apporte point d'autre obstacle, que d'obliger l'ennemi à se munir de longues échelles. J'avouë qu'elle semble faciliter les sorties, parce qu'on peut mettre en bataille plus de six vingt soldats dans le fossé intérieur, & que de là ils peuvent faire une sortie imprévûë, & ruïner les travaux de l'ennemi dans le fossé ; mais ils ne seroient pas mal nommez enfans perdus, si l'assiégeant s'étoit douté de leur sortie, comme il y a apparence qu'il s'en douteroit. Les ruïnes dont il embarasseroit l'issuë de la séparation, diminuëroient la facilité de la sortie & de la retraite, & les canons & la mousqueterie qu'il placeroit vis à vis, joints à la batterie de la contrescarpe, ne laisseroient pas grande espérance de salut à ceux qui s'exposeroient à les affronter, outre qu'il est aisé de faire un poterne, qui donne autant de facilité pour les sorties, & qui couvre les retraites aussi bien que cette ouverture de la fausse braye.

Le troisiéme avantage que l'on tire de cette séparation est de plus grande conséquence que les deux premiers, & c'est aussi le seul que je tâche de faire trouver dans ma place basse. J'ai crû qu'il ne consistoit qu'en ce que la profondeur du fossé intérieur, empêchoit, comme j'ai déja dit, que les bombes qui crevoient dans ce fossé, ne nuisissent aux hommes, ni aux canons sur le rempart de de la place basse, & qu'ainsi il rompoit en partie la visée aux Bombardiers ennemis, qui sont encore privez par ce fossé de l'avantage que l'élevation du flanc haut & du prolongé de la ligne de défense, pourroient leur fournir ; car au lieu que les bombes qui frapent contre ces murailles, retomberoient dans le terre-plein de la place basse, & qu'elles y feroient du dégât, elles tombent dans ce fossé, où leurs éclats ne peuvent rien endommager. Monsieur de Vauban a peut-être eu autant d'égard à cette derniére raison, qu'à la facilité des sorties, quand il a séparé la face de la fausse braye, de celle du bastion, le front de son orillon auroit pû renvoyer les bombes sur le terre-plein s'il ne l'en eût séparé. Il n'en est pas de même dans ma méthode, rien ne m'oblige à mettre un fossé entre ma place basse, & le revers de l'orillon ; car les bombes ne peuvent être renvoyées dans la place basse que par la muraille du prolongé de la ligne de défense, & par celle du flanc haut ; autrement il faudroit qu'elles traversassent toute la ville pour courir le risque de fraper le revers de l'orillon, & il n'y a pas d'apparence que les Bombardiers voulussent courir celui de manquer presque tous leurs coups pour profiter d'un si petit avantage : ainsi il n'est donc besoin d'un fossé qu'au pied du prolongé de la ligne de défense, & au pied du flanc haut.

Dans ma grande fortification, où le flanc bas est paralelle au flanc haut, ce fossé large de trois toises & profond de deux, est paralelle au flanc haut, & au prolongé de la ligne de défense.

Dans la moyenne & dans la petite, le flanc haut est concave comme celui de la grande, & le flanc bas est plat. Cette différente disposition des flancs forme une place basse large de 10. à 11. toises dans son milieu, quoi qu'elle ne le soit que de huit dans ses extrémitez : ce qui me dispense de faire rentrer considérablement le flanc haut en dedans du bastion pour trouver la largeur du rempart de la place basse & celle du fossé intérieur. Cela m'est d'un grand secours, principalement dans les quarrez de la moyenne & de la petite fortification dont les demi-gorges sont fort étroites.

On m'objectera peut-être sur le peu de largeur que cette construction me permet de donner aux extrémitez du fossé qui est au pied du flanc haut, qu'il est dangereux que les bombes qui tombent dans ces endroits ne cavent le fossé, & le flanc haut, & qu'il n'est pas fort sûr que celles qui fraperoient la muraille du flanc haut vers ces extrémitez, ne tombassent pas plûtôt sur le terre-plein de la place basse que dans ce fossé ; mais il faut prendre garde que le fossé qui est au pied du prolongé de la ligne de défense, ouvre ce côté-là de maniére que ni le premier ni le second inconvénient ne sont point à craindre, & du côté qui joint le revers de l'orillon; effectivement si les bombes frapoient la muraille seulement à une toise du revers, il ne seroit pas sûr qu'elles tombassent dans le fossé;

sé ; mais elles ne peuvent pas manquer d'y tomber, si elles la touchent à deux ou trois toises du revers. Au reste le talud de la terrasse que je laisse au pied du revers, entraîne les bombes dans l'endroit le plus large du fossé : ainsi on ne doit point appréhender qu'elles cavent le rempart de la place basse, ni les dessous du flanc haut, outre que ce ne seroit pas un accident auquel il fût bien difficile de remédier.

J'ai tourné en dedans le flanc bas de ma grande fortification, parce que je n'ai pas eu besoin de ménager le terrain pour tracer les retranchemens de ses bastions, & que les flancs tournez en dedans, défendent mieux la courtine, les bastions & le retranchement de la demi-lune quand il y en a.

Dans les Villes qui sont bâties sur des riviéres & dans les lieux marécageux, on peut mettre un peu mieux les places basses & leurs canons à couvert de la bombe ; mais non pas sans dépense, & je n'en donnerai le moyen que dans la nouvelle fortification qui est à la fin de ce Traité, dans laquelle je n'ai pas beaucoup d'égard au ménage. Des gabions mis en travers de six en six toises, sauveroient les canonniers & les Soldats, s'ils ne sauvoient pas les afuts. La ligne qui tient lieu du prolongé de la ligne de défense, doit être tiré de l'angle de l'épaule, & non pas de la pointe du bastion opposé, afin que le dernier canon du flanc haut découvre toute la face de ce bastion. Sa longueur, aussi bien que celle du revers de l'orillon, & le

 reste

reste d'où dépend la construction du flanc haut & de la place basse, se trouveront dans le Chapitre troisiéme.

La platte-forme, ou le terre-plein de la place basse doit être élevé d'une toise au dessus du niveau de la campagne dans la grande & dans la moyenne fortification, & il ne peut l'être que de quatre pieds dans le quarré de la moyenne, & dans toutes les figures de la petite; autrement il faudroit élever aussi tout le reste du bastion si on vouloit que le flanc haut découvrît le pied de la moitié de la courtine, comme il le doit faire. Je ne donne que quatre toises de largeur à ce terre-plein, & c'en est assez pour le recul des canons, si on ne les monte point sur des afuts ordinaires, dont la longueur inutile occupe trop de place. Il est bon de tenir ce terre-plein le moins large qu'on peut; car moins il sera large, moins il tombera de bombes dessus.

Si on veut faire des places basses dans les petits quarrez dont les flancs ne sont que de onze, ou de quatorze toises de longueur, il faut qu'elles soient autrement construites. En premier lieu elles ne doivent pas être élevées de plus de deux toises au dessus du niveau du fossé, ni être éloignées du flanc haut de plus de neuf toises; autrement le flanc haut ne découvriroit pas le pied de la moitié de la courtine, qui n'est pas longue dans ces petites places. Outre cela il faut les tracer d'une autre maniére, & ne point songer à les couvrir de l'orillon. On les formera par une ligne paralelle au premier trait du flanc, & par le prolongement de la face du bastion. Ce prolongé doit être plus élevé que le reste, de peur qu'on n'y soit découvert du haut de la contrescarpe ; on prendra garde néanmoins qu'il n'empêche pas le premier canon du flanc haut de tirer au pied de l'angle de l'épaule du bastion opposé.

Dans toutes les places où les bastions tirent du feu de la courtine, je prolonge le flanc haut de deux toises vers le centre de la place. Les canons qui sont logez sur ce prolongé peuvent servir à défendre les retranchemens des dehors, ou à contrequarrer les batteries de la contrescarpe ; & celui qui est le plus proche du flanc voit toûjours toute la face du bastion opposé, souvent tous la voyent. Il seroit bon même de prolonger ainsi les flancs razans, quoi que les canons logez sur leur prolongé ne découvrissent pas la face du bastion opposé, ils pourroient néanmoins battre une partie de son fossé, ils incommoderoient les batteries de la contrescarpe, & ils flanqueroient la petite demilune dont je parlerai dans le Chapitre second.

ARTICLE XI.

Des Parapets.

LE Chevalier de Ville donne aux parapets dix-huit à vingt pieds d'épaiſſeur, & voudroit qu'on ne les élevât que de quatre pieds, afin qu'en temps de ſiége les rehauſſant avec des gabions, on pût tirer le canon de tous côtez, en ôtant l'un de ces gabions; & de peur que le canon & ceux qui le ſervent ne reſtaſſent découverts aprés le coup, il fait décendre le rempart en glacis vers la place.

Ces parapets ne valent rien à mon gré; ſi le ſoldat ne s'en éloigne beaucoup, il n'eſt point à couvert du canon. La commodité de pointer les piéces tantôt d'un côté, tantôt d'un autre, & par ce moyen d'empêcher l'ennemi de ſçavoir préciſément d'où le coup doit venir, a quelque choſe de bon; mais elle me paroît aſſez dangereuſe, puis que l'ennemi qui ſeroit au guet, auroit le temps de braquer les ſiens pendant qu'on ôteroit les gabions: d'ailleurs s'il avoit beaucoup plû, & que la terre du rempart fût graſſe, ce ſeroit un manége aſſez difficile que de changer le canon de place à tous coups.

J'aime bien mieux ſuivre la méthode commune, qui eſt de faire les parapets hauts de ſix ou de ſept pieds, avec une ou deux banquettes, & des embrazures aux endroits où elles ſeront néceſſaires; car je crois qu'il faut

faut garentir le Soldat, de la peur du mal, aussi bien que du mal même.

Je donne vingt pieds de largeur aux parapets des flancs, & j'éléve la muraille à la hauteur de leurs glacis : ce qui augmente leur force & leur stabilité, sans augmenter la dépense, puis que la plûpart des parapets des rondes sont épais d'un pied; & que si la terre est méchante, on est obligé de soûtenir ceux de la place d'un mur de pareille épaisseur, les rondes se font aussi bien derriére les parapets que dans ces chemins qui ne peuvent être utiles en temps de siége qu'à recevoir quelques ruïnes, dont celles de leurs gardefous font la meilleure partie.

Il seroit à souhaiter qu'on pût tenir les parapets des courtines & des faces, bien moins larges que ceux des flancs, afin que les tirs n'eussent pas une si grande épaisseur à traverser pour aller aux faces opposées, ce qui éléve le coup comme j'ai déja dit; mais si on le faisoit, ils ne seroient plus à l'épreuve du canon, à moins qu'on ne les bâtit de pierres ou de briques, & ces parapets de briques qui coûteroient beaucoup, seroient aussi-tôt ruïnez que des parapets de bonne terre, aprés quoi il faudroit les réparer avec des gabions ou des sacs à terre, qui occuperoient toute la place qu'on auroit voulu ménager. Ainsi il n'y a point d'autre reméde que de leur donner plus de pente vers le fossé, ou d'élever davantage leurs banquettes : au moins le soldat, que des paniers mettront à couvert du mousquet pendant qu'il tirera, pourra baiſſer ſon coup autant qu'il ſera néceſſaire, & ſera à couvert du canon d'abord qu'il aura tiré. Je ne donne aux parapets des flancs qu'autant de pente qu'il en faut pour leur faire découvrir le pied du milieu de la courtine, afin de les rendre capables d'une plus grande réſiſtance, parce que ce ſont ceux qui doivent ſoûtenir les plus grands efforts des batteries ennemies. Si je mettois des canons de deux en deux toiſes dans mes flancs retirez, comme font quelques Auteurs modernes, & comme je l'ai vû pratiquer dans des places neuves, je pourrois loger vingt-deux à vingt-trois piéces, tant dans les flancs, que ſur le prolongé du flanc haut. Ce grand nombre d'embrazures épargneroit même quelque peu de maçonnerie ; mais comme les parapets qui couvrent des canons ſi ſerrez ne peuvent être épais que de neuf à dix pieds, & que leurs merlons ſont trop foibles pour réſiſter à une batterie de front aidée de pluſieurs batteries de travers ; je ne voudrois les mettre en uſage que lors qu'il y auroit des dehors, car ſans dehors les flancs reſtant expoſez à des batteries auſquelles ils ne peuvent pas répondre, ces parapets ſont bien-tôt ruïnez, & pour lors on eſt obligé de ſe ſervir de gabions & de ſacs à terre pour en former de nouveaux, qu'il faut néceſſairement tenir fort épais avec peu d'embrazures : ainſi les premiers affoibliſſent les flancs au lieu d'augmenter leur force. Ils ne ſont bons que dans les tenailles au devant deſquelles il y a des demi-lunes & des contregardes qui cachent

chent les flancs aux batteries de travers, aussi-bien qu'aux batteries de front éloignées, qui tôt ou tard raseroient ces parapets, aprés quoi il faudroit avoir recours aux sacs à terre. Jusqu'à-ce que l'ennemi se fût rendu Maître de ces contre-gardes, elles conserveroient les parapets, & quand elles seroient prises, il auroit assez de peine à construire sa batterie, & encore plus à la rendre supérieure à celle des flancs, qui seroit garnie de vingt-trois canons. Outre ces demi-lunes & ces contre-gardes, je demanderois encore que l'on fût assuré de pouvoir garnir la plus grande partie des embrazures, autrement il vaudroit mieux en faire moins, & laisser le parapet dans toute sa force; Le terre-plein des flancs ne doit pas être moins large, quoi que ces parapets occupent moins de place; car on doit compter sur l'épaisseur de ceux qu'il faudra élever, quand ces premiers auront été rasez.

Il n'est pas nécessaire de disposer les embrazures en sorte que le canon découvre la courtine & la face du bastion, elles seroient trop faciles à emboucher; il suffit que le canon batte dans le fossé du bastion, & si l'ennemi s'avisoit d'attaquer la courtine, l'inclinaison du parapet donneroit lieu de battre ses traverses par le côté, & les piéces que l'on pourroit loger sur le revers des orillons, & qui le battroient à dos, ne lui feroient pas avoir bon marché d'une entreprise si extraordinaire. Je n'éléve que de trois pieds le parapet du prolongé du flanc haut, afin qu'au besoin on puisse tourner vers la petite demi-lune, les embrazures dont les merlons seront formez par des sacs à terre: ainsi aprés la perte de ce dehors il est aisé de les rendre utiles à la défense du bastion.

ARTICLE XII.

Des Remparts.

LE Chevalier de Ville fait ses bastions pleins; & donne à ses remparts quinze pas de largeur, depuis le parapet jusqu'au talud intérieur, & cinq de hauteur, l'une & l'autre sont excessives.

Monsieur de Vauban ne donne aux siens que tois toises d'élevation pour le plus, & six de largeur du parapet au talud intérieur; il fait ses bastions vuides, peut être parce que son fossé, qui est ordinairement fort étroit, ne lui fournit pas assez de terre pour les remplir.

Plusieurs Auteurs, dont le Chevalier de Ville est du nombre, ont réprouvé les bastions vuides, ne comprenans pas qu'on pût y faire de bons retranchemens: cependant il est aisé d'en faire de meilleurs que dans les bastions pleins, & même avec moins de travail, soit qu'on mette comme je fais entre le rempart des flancs, une levée de terre qui serve de courtine au retranchement, soit qu'on coupe en talud le terre-plein de la face sous laquelle on jugera que le mineur travaille, & que de la terre qu'on en tirera, on forme

forme le retranchement, qui ne seroit pas moins en état de servir, quoi que l'ennemi fit joüer sa mine avant qu'il fût achevé, parce qu'on pourroit y travailler sans être découvert si l'on avoit eu le temps d'en élever seulement le front, outre que les endroits qui ne seroient point vûs des batteries de la campagne, & les baricades qu'on feroit à la brêche, arrêteroient les assaillans assez longtemps, pour donner le loisir de le mettre tout à fait en état.

Mais pour se bien retrancher dans un bastion plein, il faudroit creuser un fossé profond de deux ou de trois toises, & large de huit ou de dix, auquel on ne pourroit plus travailler dés que la mine auroit joüé : ou bien si on vouloit élever le retranchement de trois toises au dessus du rempart, on s'exposeroit à être battu de revers, à quoi on ne pourroit remédier que par de grands travaux, outre qu'on se mettroit en danger d'être trop élevé pour bien découvrir la brêche. Ainsi il est beaucoup plus aisé de faire un bon retranchement haut de trois toises ou plus dans un bastion vuide, que dans un bastion plein, & ce dernier ne donne de la facilité que pour ces petits retranchemens formez par un simple parapet en angle rentrant, comme on en voit dans les desseins de quelques Auteurs, qui ne sont propres qu'à capituler, ou à donner le temps de travailler à d'autres qui soient capables d'une plus grande résistance.

Le rempart de mes bastions est élevé de trois

trois toiſes au deſſus du niveau de la campagne, & celui des courtines de deux; les flancs hauts doivent être élevez de trois toiſes ſi on veut qu'ils découvrent le pied de la moitié de la courtine, ſans que les flancs bas ſoient au deſſous de l'eſplanade, principalement dans la moyenne & dans la petite fortification; & il faut que les faces ſoient auſſi élevées que les flancs, autrement les batteries hautes ne ſeroient pas bien couvertes. Il ſuffit que la courtine découvre tout le rempart des dehors, & le peu d'élevation que je lui donne, me laiſſe la liberté d'élever tant & ſi peu que je le juge néceſſaire, les cavaliers que je place ſur ſon rempart, & elle fait découvrir au prolongé du flanc haut la face du baſtion qu'il doit défendre. Il eſt fort inutile de donner au rempart plus de huit toiſes de largeur, tant pour le parapet que pour le terre-plein; & ſi le foſſé fournit trop de terre, il vaut mieux l'employer à élever des cavaliers qu'à augmenter inutilement l'épaiſſeur du rempart. Celui de mes flancs hauts eſt large de neuf toiſes, parce qu'il ſert de flanc au retranchement du baſtion, & que je veux pouvoir mettre deſſus deux parapets en cas de beſoin, & avoir aſſez d'eſpace entre-deux pour ranger en bataille les ſoldats qui défendront le retranchement, & même pour y ſervir des petites piéces.

Mes baſtions ne ſont pas tout à fait pleins comme ceux du Chevalier de Ville, ni tout à fait vuides comme ceux de Monſieur de

Vauban

Vauban, j'y trace un retranchement presque tout formé qui ne me coûte rien à ménager en rapportant les terres. Il est composé d'une tenaille dont le front occupe toute la largeur du bastion, & dont les faces sont défendues par des flancs longs de 14. toises (*V. pl.* 14. *ou* 9. *fig.* 6.) Ces flancs sont les remparts des flancs hauts, qui sont joints par une levée de terre en maniére de courtine, & qui ferme la gorge du bastion. Derriére cette courtine qui est de la même hauteur que les flancs, il seroit bon d'en élever encore une autre plus haute de sept à huit pieds, tant pour doubler la défense de la brêche, que pour couvrir entiérement les batteries. J'aurois pû mettre une petite demi-lune au devant de cette tenaille, mais elle n'eût pas été d'une aussi grande utilité que les défenses basses qu'on peut pratiquer dans la place qu'elle occuperoit, outre qu'elle auroit empêché que du grand retranchement, & de la face du bastion qui ne seroit point attaquée, on ne découvrit la brêche. Les soldats qu'on ne peut assez ménager dans les fatigues d'un long siége, n'ont pas beaucoup à travailler pour mettre ce retranchement en état. Je ne donne que quatre toises & demie d'épaisseur à toute la partie du rempart qui doit être coupée pour lui servir de fossé, & la terre qu'on tirera de cette taillade étant employée en des défenses basses, sera transportée en peu de temps. On peut commencer par le côté où l'on connoîtra que la brêche dévra être faite, & ayant bouché le passage par quelque parapet

parapet en angle rentrant, couper l'autre côté plus à loisir. Il ne seroit pas même difficile de pratiquer sous cette partie du rempart des magazins dont la voute seroit soûtenuë par des piliers creux, dans lesquels on mettroit quelques barils de poudre, qui venant à crever feroient tomber la voute, & baisser cette partie du rempart de toute la profondeur du magazin, ou plûtôt on se servira de l'expédient que je donne dans le Chapitre sixiéme pour faire tomber promptement les premiers flancs des nouveaux desseins.

Toute la tenaille du retranchement n'est élevée que de trois toises. Devant la courtine, elle ne peut pas l'être de plus de trois toises & demie, parce que ses flancs étant fort prés l'un de l'autre, ne défendroient pas bien le milieu de la courtine, s'ils étoient plus élevez. Depuis les faces on pourroit creuser un fossé en glacis, & même la voute qui forme le terre-plein de la batterie basse pratiquée dans la face du bastion, dont je parlerai dans le second Chapitre, faciliteroit le moyen de tenir ce fossé assez profond, qui regagneroit en glacis le pied de la courtine. Ce retranchement suppose la brêche dans l'espace qui est depuis ses faces jusqu'à la pointe du bastion; mais si elle étoit dans l'angle de l'épaule, ce qui n'est pas ordinaire, du côté de la brêche, on changeroit la face du retranchement en tirant de l'extrémité de son flanc, une ligne qui seroit flanquée du bastion opposé, & au devant de laquelle on formeroit un espéce de fossé aussi profond

profond que celui du retranchement, & large de dix toises. (*V. la ponctuation pl 9. fig. 6.*) Ce ne seroit pas un trop grand travail, puis que les terres qu'on ôteroit de la petite partie du flanc haut qu'il faudroit couper, servant à remplir le fossé intérieur de la place basse, seroient bien-tôt transportées, & que celles qui seroient ôtées du terre-plein de la place basse qu'on creuseroit de six ou de neuf pieds, servant à rehausser l'endroit de ce terre-plein qui feroit partie du retranchement, seroient encore plus proches du lieu où il faudroit les porter. Mais parce que la courtine de la place resteroit sans défense vers le bastion opposé aprés cette rupture des flancs, dans le même temps qu'on formeroit cette partie du retranchement, il faudroit creuser entre les deux courtines proche l'angle du flanc opposé, un fossé profond de deux toises au moins, & long seulement de dix, qui communiqueroit avec celui du prolongé de la ligne de défense, & laissant subsister le parapet pour le temps de l'assaut, on creuseroit en-dessous une galerie haute de deux toises & demie, que l'on étayeroit, & dont on feroit tomber les étais si tôt que l'ennemi se seroit logé sur la brêche, aprés quoi on escarperoit au moins mal qu'on pourroit, la courtine basse, & le flanc; & pour en venir à bout plus aisément, avant de faire tomber le parapet, on formeroit cette escarpe par une petite taillade large d'une toise. Cette coupure faite, toute la courtine seroit défenduë; car les flancs d'un seul

ſeul baſtion, & le revers de leur orillon, la flanquent toute à la réſerve de cette petite partie, qui formeroit un angle mort, ſi on la laiſſoit dans ſa hauteur, mais qui eſt bien défenduë quand elle eſt abaiſſée, parce qu'on peut loger derriére le terre-plein du flanc bas, un canon qui ne pourra pas être démonté.

Dans les places qu'on bâtit tout à neuf, je voudrois diſpoſer les ruës de maniére que les maiſons formaſſent devant chaque baſtion un retranchement auſſi fort qu'un ouvrage à corne couvert d'une demi-lune, comme dans la pl. 5. Quoi qu'il arrive rarement qu'on attende à ces extrémitez, néanmoins quand il n'en coûte rien, on ne doit pas négliger de prendre des précautions, que la néceſſité où le Prince peut ſe trouver de tirer un ſiége en longueur, feroit devenir fort utiles.

Dans tous les quarrez, & dans le pentagône de la petite fortification, où les demi-gorges ne ſont pas aſſez amples pour y tracer un retranchement pareil à celui que je viens de décrire, je forme un baſtion double comme celui des fig. 1. & 2. pl. 3. la premiére partie de ſes faces eſt de la même élevation que le flanc haut qu'elles joignent, & dont elles conſervent toûjours dix ou douze toiſes depuis l'endroit où elles le joignent, juſqu'au prolongé de la ligne de défenſe; ainſi il ne reſte que ſix toiſes de ce flanc, qu'il faut couper pour mettre le retranchement en état d'être flanqué des flancs & des canons ca-

chez

chez du bastion opposé. La terre qu'on tirera de ses six toises, sera jettée dans le fossé intérieur de la place basse, pour le combler, & afin de conserver la communication de la poterne, on réservera une galerie enterrée large de quatre ou de six pieds dont on soûtiendra la voute avec des pieux de palissades appuyez sur de forts traitteaux hauts de cinq pieds. La place basse n'est élevée que de deux toises au dessus du fossé proche l'orillon, & elle en gagne encore une en glacis, depuis le revers de l'orillon, jusqu'au prolongé de la ligne de défense. Son terre-plein n'a que six toises d'épaisseur, & pour achever le retranchement, il faut supposer des lignes tirées du pied du flanc opposé à l'endroit où la premiére partie des faces du retranchement joint le flanc haut, comme A B fig. 2. p. 3. & coupant les places basses depuis ces lignes jusqu'au revers des orillons, jetter les terres depuis ces mêmes lignes, jusqu'au prolongé de la ligne de défense, afin de donner à cette seconde partie des faces, trois toises d'élevation au dessus du fossé qui restera entre les remparts des faces du bastion, & entre celui des faces du retranchement. Ce fossé est d'une toise moins profond que celui de la place; & si on vouloit que ce retranchement coûtât moins, on pourroit ne point creuser de fossé devant ses faces, & laisser la place basse à niveau de la campagne, il en seroit même plus aisé à mettre en état de défense, mais il ne seroit pas aussi fort que le précédent. Pour augmenter

gmenter le feu qui doit battre la brêche, on pourroit former à la hâte au pied du prolongé du flanc haut, un petit cavalier de la même hauteur que la courtine haute, sur lequel on placeroit trois piéces de canon qui incommoderoient fort le logement des ennemis.

Ce bastion intérieur étant achevé est mieux défendu que la tenaille, mais parce qu'il ne souffre point les courtines basses avancées qui fournissent une trés-grande défense aux faces des bastions, je n'ai pas voulu m'en servir dans tous mes poligônes, & j'ai crû qu'il valoit mieux, quand on le pouvoit, choisir celui qui ne diminuoit point la force du corps de la place. Le Comte de Pagan retranche ses bastions par un bastion double, qui ne tire sa défense que du revers & des autres parties du bastion retranché, ce qui paroît défectueux ; car si l'ennemi s'attache à l'angle de l'épaule, le revers de l'orillon ne sera plus défendu, & même il sera commandé : ainsi le retranchement ne subsistera qu'autant de temps que le mineur ennemi en employera à faire sa mine. Le remède dont le Comte de Pagan n'a point parlé, seroit de couper l'orillon, & de prolonger les faces du bastion intérieur comme je fais. Il est vrai que cette coupure diminuë la force du bastion opposé ; cependant je tiens que si on ne la fait, les bastions doubles ne peuvent pas être mis en bonne défense, & il n'y a guéres d'apparence que l'ennemi voulût commencer une autre attaque au bastion opposé,

posé, dans le temps qu'il seroit si avancé, sur celui dont on couperoit l'orillon. Le fossé intérieur du bastion ne facilite pas beaucoup par sa profondeur le moyen de trouver le mineur ennemi; car une galerie qui partira d'un fossé profond de trois toises, sera un peu moins longue que celle qui partira d'un fossé profond de six toises, & la derniére n'aura de l'avantage, qu'en ce que son terre-plein sera de niveau, au lieu que dans la premiére il faudra un peu monter en transportant les terres, mais la pente qui est douce ne fait pas une différence fort considérable: D'ailleurs c'est un hazard si la mine n'est pas achevée avant qu'on l'ait trouvée par ce chemin; & celui d'une contre-mine pareille à celles dont je vais parler, est bien plus court, & il est plus assûré, parce que de la contre-mine on entend travailler le mineur, & qu'ainsi on court moins risque de le manquer.

ARTICLE XIII.

Des Contre-mines.

LE nom des contre-mines promet beaucoup, mais il me semble que jusqu'ici on ne les a pas renduës aussi utiles qu'elles pourroient l'être. J'en ai vû de trois sortes; il y a dans quelques places de Flandre, des galeries voûtées paralelles aux faces & aux flancs des bastions: (*Voyez fig.* 3 *pl.* 3.) elles sont presqu'aussi basses que le fossé, & éloignées de la muraille de trois ou

de

de quatre toises. Leur voute est ouverte par des soupiraux ronds ou quarrez, larges de trois pieds, qui montent jusqu'au terre-plein du rempart, & au dessous de ces soupiraux il y a des puits de pareille largeur & profonds de deux toises. Ces allées peuvent avoir été bâties pour éventer les mines, ou pour les trouver promptement, mais je ne pense pas que les Ingénieurs qui en ont donné les desseins, ayent eu cette derniére vûë, & je dirai à la fin de cet article ce qui me fait croire qu'ils n'ont pas prétendu que ces ouvrages servissent à autre chose qu'à éventer les mines. J'en ai vû jouer sous ces sortes de voutes, & j'aurois besoin de quelques épreuves, pour être convaincu que leurs soupiraux soient capables d'empêcher l'effet du feu, vû que le mineur ne fait pas toûjours sa chambre directement sous la voute, & que s'il se doute que les bastions soient contre-minez, ou s'il veut faire tomber les ruines de la brêche du côté de la place, ou du côté du fossé, la disposition de sa chambre fera tourner l'effort du feu vers l'un de ces côtez; ainsi les soupiraux ni la voute ne pourront pas le ralentir.

Presque tous les anciens Auteurs ont donné un second dessein de contre-mine que le Chevalier de Ville a bien raison de desaprouver. (*V. figure 4. planche 3.*) il est semblable au premier à la réserve que la galerie, qui est large de trois pieds, est pratiquée au pied, & dans l'épaisseur de la muraille, aussi bien que de ses soupiraux & ses puits. Cette galerie,

rie, ces ſoupiraux, & ces puits, peuvent épargner beaucoup de maçonnerie, ſans rendre les murailles moins capables de ſoûtenir l'effort des terres, parce que les ſoupiraux ſont apparemment vis à vis des éprons; mais il eſt impoſſible que ces murailles percées puiſſent réſiſter aux moindres coups de canon à l'endroit des ſoupiraux, & les ſoupiraux ouverts ſeront des indices de la contre-mine, qu'on ruïnera avec le canon: d'ailleurs ils ne peuvent pas éventer la mine dés que le mineur fera ſon cube en dedans du baſtion à trois ou quatre toiſes de la muraille, comme c'eſt l'ordinaire.

La troiſiéme eſpéce de contre-mine eſt la la cuvette, que quelques-uns ont fait ſervir à retarder le paſſage du foſſé, & que les autres ont creuſée juſqu'à l'eau, pour empêcher le mineur de ſe couler ſous le baſtion par des galeries commencées en lieu couvert. A la verité une cuvette creuſée juſqu'à l'eau, & remplie d'eau courante, boucheroit le paſſage au mineur qui voudroit commencer ſa mine dans la tranchée, comme on faiſoit autrefois; mais ces ennuyeuſes précautions ne ſont plus en uſage, le mineur paſſe le foſſé à découvert, va s'attacher au pied du baſtion, & s'il y a une cuvette on la comble. Ces ſortes d'ouvrages ne peuvent donc plus être mis au rang des contre-mines, ce n'eſt pas à dire qu'ils ne ſoient fort utiles quand le rempart eſt bien contre-miné. Ils mettent le mineur dans la néceſſité de commencer ſa mine à découvert;

vert ; & les aſſiégez qui ſçavent à peu prés l'endroit où il peut être, l'ont bien-tôt trouvé par le moyen de la contre-mine. Il me ſemble que c'eſt l'unique uſage auquel les contre-mines dévroient être employées : les ſoupiraux me paroiſſent des remédes trop incertains, & celui-ci déviendroit infaillible s'il étoit appliqué promptement. Pour cet effet on pourroit ſe ſervir de l'un des deux deſſeins ſuivans, dans leſquels l'utilité eſt proportionnée à la dépenſe.

Le premier eſt une galerie large de quatre pieds, pratiquée dans l'épaiſſeur des fondemens comme celle de la fig. 5. planche 3. dont les dimenſions ſe trouveront dans le devis. Les deux côtez de cette galerie ſont ouverts de deux en deux toiſes par des portes larges de quatre pieds. Ces portes ſont à l'endroit des éprons, qui finiſſant à l'extrémité de leurs cintres n'en empêchent point la communication. Des chaînes de pierres ou de briques autrement poſées que les autres, marquent ſur la face du baſtion toutes ces ouvertures ; & pour faciliter le tranſport des terres, il y a ſous le milieu de chaque face du baſtion, une voute qui monte au pied du rempart. La partie de cette galerie qui eſt depuis les faces du retranchement juſqu'à l'orillon, doit être ſéparée du reſte par un mur épais de trois pieds, afin que l'ennemi croye que la contre-mine finit en cet endroit ; & cette partie ſéparée ne doit avoir de communication qu'avec la poterne, il faut mettre de pareils murs vers la pointe du baſtion.

Il

Il est facile de concevoir l'usage de cette contre-mine qui n'est propre que pour les fossez secs. Le mineur s'attachant au pied du bastion comme en A, fig. 5. planche 3. S'il passe au dessus de la contre-mine, les chaînes de pierres marqueront qu'il faut foüiller par les portes B D ; & faisant des allées comme les ponctuées B E D, on l'aura trouvé avant qu'il ait fait la moitié de son ouvrage. S'il se glisse par dessous le fondement, ou s'il commence sa mine dans la trenchée, on en entendra le bruit, & on ira au devant de lui par les portes qui sont vers le fossé. Cette galerie donne encore lieu de glisser un fourneau sous le logement que l'assaillant fera sur la brêche, & de pratiquer des mines sous les batteries de la contrescarpe. Mais parce que l'assiégeant s'obstinant à percer les fondemens en plusieurs endroits, & à remplir la contre-mine de fumée, pourroit à la fin s'en rendre maître, & que pour lors elle lui seroit utile quoi qu'on pût faire, je crois que ceux qui ne sont point trop curieux d'une petite épargne, se serviroient plus volontiers du second dessein. Il ne seroit guéres différent de celui de la fig. 3. pl. 3. le terre-plein de sa galerie seroit de quatre ou de six pieds plus bas que le fossé, sa voute seroit ouverte par des soupiraux, elle seroit large & haute de six à sept pieds, & ses appuis seroient percez par des portes, comme ceux du premier dessein fig. 5. C'est la solidité des appuis des contre-mines de la fig. 3 planche 3, qui m'a fait dire que je ne croyois pas qu'on eût eu dessein de les employer à abreger le chemin qu'il faut faire pour trouver le mineur, non plus que celles de la fig. 4. planche 3. car il n'y a pas d'apparence qu'ayant eu cette vûë en les bâtissant, on eût mieux aimé obliger les contre-mineurs à passer sous les fondemens, ou à rompre les murs de ces appuis, que d'y faire des arcades qui eussent même épargné beaucoup de massonnerie.

Les assiégeans auroient plus de peine à se saisir de cette galerie que de celle du premier dessein, parce que les soupiraux de celle-ci feroient exhaler la fumée, & que sa largeur donneroit lieu aux assiégez d'opposer plus de monde aux ruptures. A deux toises du mur de séparation qu'on pratiqueroit ici comme dans le premier dessein, il seroit bon d'en élever un autre vers la pointe du bastion, & de placer dans le réduit que formeroient ces deux murs, quelques petites piéces chargées à cartouches, & pointées le long de la contre-mine. Si l'assiégeant vouloit gagner la galerie à force de monde, à certain signal ceux de la place se retirant, laisseroient entrer les ennemis, sur lesquels ces piéces cachées feroient assez d'effet pour donner lieu de chasser bien vîte ceux qu'elles auroient épargné.

Dans les fossez pleins d'eau, les contre-mines doivent être pareilles à celles de ce second dessein, & il faut que le terre-plein de leur galerie soit de quelques pieds au dessous de l'eau, si cela se peut, comme en la fig. 6. pl. 3. Souvent on confond sous le nom de

contre-

contre-mine, certains fourneaux qui se mettent aux endroits où l'on juge que les ennemis doivent se loger ; mais ce sont de veritables mines, qui sont préparées pour des sujets tous différens, & dans la construction desquelles il n'y a point d'autre mystére, que de les placer en bon lieu. Par exemple, je voudrois qu'il y en eût sous l'angle saillant, sous l'arondissement de la contrescarpe, & sous cette partie du chemin couvert, où l'on fait ordinairement des batteries pour rompre les flancs.

Article XIV.

Du Fossé.

Monsieur de Vauban tient ordinairement son fossé étroit, & le Chevalier de Ville proportionne la largeur du sien à la longueur de ses flancs. L'un veut peut-être épargner les frais de la foüille, ou diminuër le front de la batterie que les ennemis feront sur la contrescarpe : L'autre croit apparemment devoir proportionner la grandeur de son fossé à celle des endroits qui sont destinez à le défendre. Je ne dirai rien contre la premiére raison, mais il me semble qu'on ne doit point s'attendre que l'ennemi régle le front de sa batterie sur la largeur du fossé, & les fossez étroits dans le flanc razant ont le même defaut que le Comte de Pagan reproche aux fossez du flanc fichant qui sont paralelles aux faces des bastions ; l'angle

 ren-

rentrant de leur contreſcarpe ôte aux baſtions une partie de la défenſe qu'ils doivent tirer des flancs, comme on peut le voir par la figure 9. planche 4. où le foſſé n'eſt large que de dix toiſes. Ce defaut ne peut être réparé qu'en augmentant la largeur du foſſé, ou bien en ſuivant ma maniére de le tracer.

Le Chevalier de Ville eût bien mieux fait de conſerver par tout une même largeur de foſſé, ceux de ſa grande fortification en ont trop, & s'il l'eût fixée à ſeize toiſes comme le Comte de Pagan, cette largeur eût été ſuffiſante pour ſa grande fortification, & elle eût été ſuffiſamment défenduë par les flancs de ſa petite, qui ſont de vingt toiſes. C'eſt principalement dans la fortification irréguliére qu'il me ſemble qu'on doit s'attacher à cette égalité de foſſé, qui rend tous les endroits de la place également difficiles à approcher, je ne dis pas néanmoins que ce ſoit une choſe eſſéntielle, dont l'inobſervation ſoit un defaut.

Mon foſſé eſt toûjours large de ſeize toiſes vers la pointe du baſtion, & de peur que les angles rentrans de ſa contreſcarpe ne dérobent aux faces des baſtions une partie de la défenſe que les flancs peuvent leur fournir, je le trace paralelle à la ligne que je tire de la pointe d'un baſtion à l'angle que le flanc du baſtion oppoſé forme avec la courtine, où je le forme en tirant des lignes de la pointe des baſtions aux angles de l'épaule qui leur ſont oppoſez, (*V. G M fig. 6. pl. 9.*) & menant le re-

ſte

ſle paralélle aux faces juſqu'à la rencontre des premiéres lignes.

J'eſtime beaucoup plus le premier foſſé que le ſecond, à la dépenſe prés ; toute ſa contreſcarpe eſt défenduë des flancs & des courtines, au lieu que celle du ſecond ne peut l'être que d'une fort petite partie des flancs, & juſqu'au dodécagône le premier ne donne lieu aux ennemis de battre le pied de la muraille des faces, qu'autant que pourroit faire un foſſé large de vingt-quatre toiſes, comme l'eſt celui de pluſieurs Auteurs, qui lui donnent une largeur égale à la longueur du flanc. D'ailleurs quand il le découvriroit davantage, ce ne ſeroit pas une raiſon pour le faire deſapprouver, puis que les foſſez des dehors le découvrent encore plus, quand ils ſont joints au foſſé de la place, & que néanmoins on les en ſépare rarement.

La ſeconde maniére de tracer le foſſé eſt propre à épargner les frais de la foüille, ſans diminuer conſidérablement la force de la place. Elle ne cache point la vûë de la brêche au flanc qui doit la découvrir, & il faut néceſſairement s'en ſervir devant les baſtions conſtruits ſur la ligne droite, ou ſur des angles extrémement obtus, parce que la premiére donneroit trop de largeur au foſſé. On pourroit auſſi l'appliquer aux foſſez étroits du flanc razant, en coupant l'angle rentrant de leurs contreſcarpes, par des lignes tirées de la pointe des baſtions aux angles de l'épaule, ou par les lignes qui forment le revers des orillons : ainſi tout le flanc retiré découvriroit toute la face du bastion qui lui seroit opposé.

Je ne suis pas du sentiment de ceux qui disent que les fossez les plus profonds sont les meilleurs ; je crois au contraire que dans la méthode de Monsieur de Vauban & dans la mienne, il seroit dangereux de les creuser plus de quatre toises au devant des courtines, parce que le flanc haut ne découvriroit pas le pied de la courtine basse, mais on peut le tenir plus profond au devant des faces. Je ne vois pas néanmoins qu'on puisse tirer de grands avantages d'une profondeur extraordinaire, elle cachera mieux le pied de la muraille des faces, & l'ennemi aura plus de peine à remonter quand il sera descendu dans le fossé ; mais aussi où placera-t-on la terre qu'on en tirera ? si la place est revêtuë, cette profondeur augmentera de moitié la dépense du revêtement, & elle augmente celle de la foüille, soit que la place soit revêtuë ou qu'elle ne le soit pas. Les canons du flanc haut ne font pas tant d'effet dans un fossé si profond, ce que j'ai déja démontré en réfutant les raisons qu'on allégue pour le flanc razant contre le fichant : Enfin la profondeur d'un fossé n'effrayera point l'assiégeant, puisqu'on doit supposer qu'il y entrera par un boyau, à moins que le fossé ne soit taillé dans le roc. Il y a si peu d'apparence de s'attacher à combler un fossé large par tout de seize toises au moins & profond de trois, que je ne crois pas qu'il soit besoin de prouver l'inutilité des avantages qu'on voudroit

droit attribuër là-dessus à un fossé plus profond.

On peut ne lui donner que deux toises de profondeur, comme on a fait dans quelques places neuves, où il est cependant fort étroit: mais je n'approuve pas qu'on le tienne étroit, je dis seulement qu'on peut ne le creuser que de deux toises.

Les cuvettes ne valent rien à mon gré si elles ne sont pleines d'eau; & lors qu'elles sont séches, elles me paroissent plus propres à couvrir l'ennemi qu'à l'arrêter.

Il en est de même de certains avant-fossez, dont je dirai ici mon sentiment, quoi que je dusse attendre à en parler avec les dehors. Les Ingénieurs qui se servent de ces avant-fossez, se donnent bien de la peine de creuser une tranchée aux ennemis, & ceux qui attaquent ces sortes de places sont bienheureux de trouver besogne faite; ils sont tracez paralelles à l'esplanade, comme en cette planche 4 figure 1. leurs profils sont pareils à celui de la figure 2. planche 4. Or il est certain que l'ennemi est à couvert dedans d'abord qu'il les a gagnez, qu'ils coutent plus que de bons dehors de terre, dont les fossez étant flanquez de tous côtez ne mettroient point l'ennemi à couvert, & ne pourroient pas lui servir de lignes; enfin, que toute l'utilité qu'on peut en tirer, c'est de les tenir pleins d'eau pendant que les fossez de la place seroient secs, pour empêcher les surprises, & pour tenir les bestiaux à couvert. Alors effectivement l'ennemi auroit un peu plus de peine à les gagner & à se les rendre utiles, mais des dehors à fossé sec lui en feroient bien plus sans comparaison, & couvriroient autant les bestiaux. Pour les surprises, la vigilance est le plus seur moyen de les empêcher, & l'avant-fossé plein d'eau n'en garentit point les endormis. Un double glacis seroit meilleur que ces avant fossez lors qu'ils sont secs ; & si le Prince ne se souciant pas de la dépense, vouloit avoir un avant fossé plein d'eau outre les dehors, je le ferois comme celui du second profil planche 4. fig. 3. au moins le fond seroit flanqué du chemin couvert de sa place, & des cavaliers élevez sur le rempart, ou du rempart même. Ainsi l'ennemi ne pourroit pas le faire servir de lignes, quand il trouveroit moyen de le seigner ; son chemin couvert seroit d'aussi difficile accés que celui du premier profil, la retraite seroit plus aisée, & pour conclusion il ne coûteroit pas tant.

Je crois qu'il est inutile de discuter lequel vaut mieux du fossé sec, ou de celui qui est plein d'eau ; c'est une question qui a été décidée il y a long-temps en faveur du premier, mais le meilleur de tous est celui qui se remplit d'eau quand on veut, & qui se vuide de même.

Arti-

Article XV.

Du Chemin couvert.

LE Chevalier de Ville baiſſe le chemin couvert de quatre pieds & demi au deſſous du niveau de la campagne, & veut qu'il puiſſe couvrir la cavalerie. Cette précaution me paroît aſſez inutile, je ne vois pas que ce ſoit une néceſſité que la cavalerie ſe proméne ſur ce chemin. Au lieu de faire l'aſſemblée pour les ſorties dans l'angle ſaillant, il faut la faire dans le foſſé, où la cavalerie ſera encore plus à couvert, & moins en danger d'être apperçûë : il eſt facile de pratiquer dans chaque gorge de l'angle ſaillant, & dans l'arondiſſement de la contreſcarpe, des rampes auſſi larges que l'ouverture de l'eſplanade, & aſſez commodes pour y faire monter les chevaux aiſément. La néceſſité de monter ces rampes, ne troublera pas plus l'ordre de la ſortie, que celle de défiler par l'ouverture de l'eſplanade, que je ſuppoſe n'être pas plus large, & il me ſemble que les ſoldats défendront mieux un chemin couvert dont le parapet ne ſera élevé que de ſix pieds, qu'ils ne défendroient celui dont le parapet auroit neuf pieds d'élevation, car il faut trois banquettes à celui de neuf pieds ; & un ſoldat qui n'a qu'un degré à monter, a plûtôt tiré quatre coups, qu'un autre qui ſeroit obligé de monter trois banquettes, n'auroit fait trois décharges. Comme ces ſortes de défenſes ne ſont point faites pour découvrir l'ennemi dans ſes travaux, je ne déſapprouverois pas qu'on baiſſât le chemin couvert de trois pieds au deſſous de la campagne, pour donner lieu à la courtine baſſe de battre deſſus l'eſplanade, & la dépenſe ſeroit la ſeule raiſon qui m'empêcheroit de le propoſer.

Je me ſers des mêmes meſures que Monſieur de Vauban, tant pour la largeur du chemin couvert, que pour celles des gorges & des faces de ſes angles ſaillans, & je ſépare comme lui du reſte de ce chemin, les angles ſaillans & les pointes de la contreſcarpe par des parapets hauts de ſix pieds, au devant deſquels je mets un petit foſſé profond d'une toiſe & large de trois : cela fait perdre du temps à l'ennemi, ſoit pour s'en ſaiſir, ſoit pour s'en couvrir ; & ces ſortes d'endroits, où l'on juge que l'ennemi s'obſtinera, ne doivent jamais être ſans fourneaux ou fougades.

ARTICLE XVI.

De l'Eſplanade.

ON donne ordinairement à l'eſplanade la même largeur qu'au foſſé, & on peut la diminuer, ou l'augmenter, ſelon la quantité de terre qu'on a de reſte, aprés avoir élevé les remparts. Sa hauteur par deſſus le chemin couvert eſt de ſix pieds, & l'on y met une banquette comme aux autres

tres parapets. Quelques Auteurs donnent divers moyens de rendre l'approche du chemin couvert plus difficile : mais comme ils dépendent tous des travaux, ou des dépenses qu'on peut faire, & non pas de la construction de l'esplanade, je n'en proposerai pas un. Si l'esplanade étoit double, comme j'en ai vû dans quelques-unes de nos places, elle obligeroit les ennemis à commencer plus loin leurs tranchées ; elle les empêcheroit de bien reconnoître la place, elle retarderoit leurs approches, & elle donneroit lieu de faire des travaux en maniére de retranchemens sur le glacis le plus proche du fossé.

Article XVII.

Des Fausses-brayes.

Le Comte de Pagan, dans l'une de ses places qu'il appelle parfaites, donne un dessein de dehors qu'il estime beaucoup plus que l'autre, & qui ressemble assez à ce que les Anciens appelloient fausses-brayes, qui n'étoient que de doubles enceintes, dont les meilleures étoient séparées l'une de l'autre par un fossé. En l'état où est cet ouvrage, le Comte de Pagan ne pouvoit pas lui donner un nom qui lui convînt moins que celui de place parfaite ; j'en mets ici le dessein, qui fera voir si j'ai raison de n'être pas rempli de cette idée de perfection que l'Auteur a voulu nous en donner. Voyez planche 4. fig. 4.

Premiérement ses courtines pliées sont fort propres à couvrir quiconque s'attachera à l'un des flanc, puis qu'elles empêcheroient que l'autre ne le découvrît : je ne vois pas quelle raison cet Auteur pouvoit avoir de ne les pas faire droites, que lui servoit-il de ménager la place de quelques maisons : s'imaginoit-il que l'assiégeant auroit égard à ce ménagement, ou qu'il suffisoit qu'il ne se fût mis en peine de défendre autre chose que les faces des bastions, pour ôter à l'ennemi l'envie de s'attacher à tout autre endroit.

En second lieu, il est impossible que la ligne de défense de cet ouvrage n'excéde pas cent cinquante toises dans le quarré, dans le pentagône, & dans l'hexagône de sa grande fortification, ce qui est contre les régles, & ses flancs ne sont pas assez grands. Il eût mieux fait de s'en tenir à son premier dessein que j'ai mis dans la premiére planche figure 1. Ses demi-lunes & ses contre-gardes feroient plus de peine à l'assiégeant que les bastions du second dessein : d'ailleurs si l'ennemi surprenoit une demi-lune ou une contre-garde, il ne seroit pas maître pour cela du reste des dehors, & il seroit bien-tôt contraint de lâcher prise, au lieu que s'il trouvoit moyen d'entrer par surprise dans l'une des tenailles du fauxbourg (c'est ainsi que le Comte de Pagan appelle cet ouvrage) rien ne l'empêcheroit de se rendre maître du reste, & même les maisons lui serviroient de retranchement.

Le

Le Chevalier de Ville réprouve les fausse-brayes qui sont paralelles à toutes les parties du corps de la place, & qui n'en sont éloignées que de huit, dix, ou douze toises: effectivement elles sont d'une grande dépense, leurs faces sont enfilées facilement, & par conséquent leurs flancs sont vûs de revers. L'ennemi est à couvert dedans d'abord qu'il les a gagnez, & la quantité des bombes qu'on peut faire tomber dans le terre-plein de leurs faces, seroit capable d'y faire brêche, du moins elle empêcheroit d'y rester. Ainsi ces fausse-brayes qui coûtent beaucoup, ne peuvent pas apporter de grands avantages, & elles peuvent faire du tort à la place. Le Chevalier de Ville condamne aussi celles qui vont seulement au long de la courtine, & ce sont celles dont je prétens me servir avec succés aprés avoir fait connoître les raisons que j'ai de ne pas suivre son avis.

Le but de la fausse-braye moderne (car celle des Anciens en avoit un autre) est de doubler le feu qui défend la face des bastions, & de causer par ce moyen double perte à l'ennemi que l'on suppose devoir attaquer ces endroits plûtôt qu'aucun autre, mais elle le doit faire sans diminuer considérablement la force des courtines.

Le Chevalier de Ville décide que celle qui est mise seulement au devant des courtines, ne vaut rien, & il faut deviner les raisons qui lui ont fait prononcer cet arrest, que je crois fondé sur ce que ses flancs retirez n'occu-

poient

poient que le tiers du flanc, qui est tout au plus de huit toises deux pieds, & il veut que la fausse-braye soit éloignée de la courtine de sept ou de huit toises, de maniére que s'il l'eût élevée, elle eût incommodé sa place basse, elle n'eût pû être défenduë que d'un canon, ce qui ne suffisoit pas, & elle n'eût pas augmenté le feu qui défend le bastion, autant que celle dont il se sert, & sur laquelle Monsieur de Vauban a pris l'idée de la sienne. Le Chevalier de Ville fait une faute considérable dans la construction de cette fausse-braye, dont je ne parlerai point, parce qu'elle ne fait rien à mon sujet, & je crois que s'il eût construit ses flancs retirez, comme Monsieur de Vauban & comme moi, il n'eût pas réprouvé les courtines basses, qui avec les flancs bas forment ma fausse-braye. Je ne l'éloigne de la courtine haute que de sept toises, des quelles le parapet en occupe trois, & les quatre autres sont occupées par le talud de la courtine haute, & par un terre-plein. Je ne creuse point de fossé entre les courtines basses & les hautes, comme j'ai fait entre les flancs bas & les flancs hauts, parce qu'il n'y a pas d'apparence que l'ennemi s'obstine à jetter des bombes dans le terre-plein de la courtine basse, sur lequel je ne mets point de canon réglément, & s'il en jettoit quelques-unes, la longueur de la courtine donneroit lieu aux hommes d'éviter les éclats de la bombe en s'éloignant de l'endroit où elle se seroit arrêtée. Je pourrois séparer ma courtine basse du corps de la pla-

ce,

ce, en creusant un fossé large & profond de deux toises entre les courtines, mais il me semble que cette séparation ne seroit pas d'une grande utilité, puis que le coffre facilite assez les sorties, outre que le fossé & le revêtement de la courtine haute dont il seroit impossible de se dispenser, seroient une dépense assez considérable, qui seroit bien mieux employée en quelque bon dehors. Je laisse le terre-plein de la courtine basse à niveau de la campagne, & j'éléve le parapet de six pieds. Quelqu'un trouveroit peut-être plus à propos de baisser le terre-plein d'une toise, ou d'une toise & demie, afin que l'ennemi ne pût pas en raser les parapet qu'il n'eût gagné la contrescarpe, & afin que le feu de la courtine basse nettoyât mieux le fossé; j'avoue que cet abaissement procureroit ces avantages, mais en récompense il augmenteroit considérablement les frais tant de la foüille des terres que du revêtement de la courtine haute, dont il seroit difficile de se passer; il empêcheroit que de la courtine basse on ne pût battre le chemin couvert, ou le fossé du retranchement des dehors, & il obligeroit de mettre à niveau du fossé le parapet du coffre, dont je parlerai à la fin de cet Article. Je prétens qu'on doit mettre par tout des courtines basses, tant pour augmenter la force des places, que pour épargner une partie de la foüille du fossé, & une partie du revêtement des courtines hautes: mais dans les figures à flanc razant dont le retranchement est formé par un bastion double, la cour-

courtine basse ne doit pas être avancée, elle ne sert qu'à épargner une partie du revêtement, & à doubler la défense du chemin couvert, ou du retranchement des dehors. C'est la courtine même de la place qui reste à niveau de la campagne, & la courtine haute est un rempart non revêtu, qui couvre les maisons, & qui bat les dehors ou la campagne quand il n'y a point de dehors. Les courtines basses n'en seroient pas plus mauvaises quand elles ne seroient pas revêtuës ; mais si l'on appréhendoit qu'un talud de terre ne donnât plus de lieu aux surprises que celui d'une muraille, du moins la courtine basse étant revêtuë, rien n'oblige à revêtir la courtine haute, à l'exception de quelques trois toises vers chacune de ses extrémitez, où il faut que le revêtement du prolongé de la ligne de défense soit continué, pour donner moins de prise aux canons de l'assiégeant. Elevant sur le bord extérieur du parapet un mur épais d'un pied, & haut d'une toise, & bouchant les embrazures du flanc bas d'un mur de pareille épaisseur qu'on abattroit comme celui de la courtine en temps de siége, ou mettant seulement des palissades à la place de ce mur, il seroit aussi difficile d'escalader toutes ces parties basses, que tout le corps de certaines places qui n'ont que quatre toises de hauteur, du pied de leur fossé au terre-plein de leur rempart, mais cette précaution me paroît assez inutile.

Dans les fossez pleins d'eau on fera rentrer la courtine haute de deux toises, & on prati-

pratiquera sous son rempart une voute large de deux toises, plus haute de six ou de sept pieds que le niveau de l'eau, & qui communiquera en dedans du rempart de la place à un réservoir d'eau assez grand pour tenir trois ou quatre batteaux, qui serviront à porter les soldats dans les dehors, ou à faire des sorties. De l'autre côté cette voute entrera dans une coupure qu'on fera dans la courtine basse comme elle est ponctuée dans la fig. 6. pl. 4. d'où les batteaux seront tirez dans un bassin pratiqué dans l'angle rentrant des dehors, soit avec une corde comme nos bacs, soit avec des rames.

On connoîtra la différence qu'il y a entre cette fausse-braye, & celle de Monsieur de Vauban en voyant celle de Monsieur de Vauban planche 4. fig. 5. & la mienne planche 4 fig. 6.

La premiére voit toute la face du bastion opposé de tout son petit flanc A B. fig. 5.

L'autre voit toute la même face du bastion de tout le flanc A B, fig. 6. qui est plus grand que celui de la premiére de l'espace A C.

La premiére outre ce flanc ne bat la face du bastion opposé que de sa petite face B C, & même assez difficilement.

La seconde découvre la face du bastion de toute la partie de la courtine D E, qui est plus grande que la petite face de la premiére de l'espace G E; outre qu'on y peut mettre un canon vers E, qui nettoyera tou-

te

te la face du bastion, & que ses mousquetaires ont bien plus de facilité à y tirer.

Si la premiére est aussi haute que la seconde, la hauteur de ses flancs cachera le pied de la courtine aux flancs hauts, qui par conséquent ne la défendront plus. Si elle est plus basse, elle ne découvrira pas si bien les traverses des ennemis, & de quelque élevation qu'elle soit, elle n'est défenduë que d'un canon caché, & la seconde l'est de trois, sçavoir, deux qui sont sur les flancs le long du revers de l'orillon, & d'un autre qu'on peut loger sur ce revers; car on en peut loger deux sur le mien, & il n'y a place que pour un sur celui de M. de Vauban.

Ainsi ma fausse-braye est mieux défenduë que celle de M. de Vauban, elle fournit beaucoup plus de feu, elle cache un de ses canons, elle met son flanc hors d'état d'être enfilé, ce qui n'est pas un petit avantage; & si j'avois parlé des dehors, je pourrois encore prouver qu'elle défend mieux les demilunes retranchées.

Je n'ai pas besoin d'alléguer d'autres raisons pour la faire préférer à celle du Chevalier de Ville, qui n'est pas plus forte que celle de M. de Vauban.

Outre cette double courtine, je voudrois faire encore dans le fossé une espéce de coffre paralelle aux courtines, qui iroit de la pointe du revers d'un orillon à celle de l'orillon opposé; son terre-plein seroit de quelques pieds au dessous du fossé, & on le couvriroit d'un parapet haut de neuf pieds, qui se se perdroit à dix toises comme l'esplanade. Cet ouvrage ne causant point de dépense, favoriseroit les sorties, donneroit moyen d'enlever les ruïnes des flancs & des courtines basses, ne pourroit de rien servir à l'ennemi s'il s'en saisissoit, & lui feroit beaucoup de tort s'il ne le ruïnoit pas. On peut le mettre en usage dans les fortins, dont les flancs étant trop petits ne défendroient pas bien une double courtine, & pour lors il faut laisser son terre-plein à niveau du fossé.

Bien que je n'aye pas marqué beaucoup d'estime pour la fausse-braye du Comte de Pagan, je conviens néanmoins, que si ses courtines étoient plattes, ses flancs plus longs, & ses demi-lunes plus grandes, elle pourroit être employée trés-utilement dans une place, à la construction de laquelle on auroit résolu de ne rien épargner, & qu'on voudroit consacrer purement à la guerre, sans se soucier qu'elle fût habitée par d'autres gens que par des cabaretiers & par d'autres marchands nécessaires pour la commodité de la garnison. Je m'expliquerai sur ces circonstances dans la nouvelle fortification qui est à la fin de ce Traité, où je donnerai un dessein de fausse-braye imité de celui du Comte de Pagan.

ARTICLE XVIII.

Des Cavaliers.

LA grandeur, l'élevation & la scituation des cavaliers, varie selon les différens usages ausquels on a besoin de les employer; il y en a qui ne servent qu'à couvrir les parties de la fortification qui pourroient être commandées; d'autres ne sont élevez que pour découvrir l'ennemi dans ses travaux, & pour doubler le feu qui défend les endroits, qui vrai-semblablement doivent être attaquez, & le plus souvent ils apportent ces trois avantages tous ensemble. Les cavaliers de la premiére espéce sont ou des traverses élevées dans les lieux enfilez, ou des levées de terre paralelles aux endroits qui sont vûs de revers. Il faut éviter les traverses autant qu'on peut, sur tout dans les faces & dans les flancs, parce qu'elles occupent la place des canons. Il est aisé de s'en passer dans les flancs en les tenant plus bas qu'à l'ordinaire, & élevant autant qu'il en est besoin la partie de la face qui les couvre: mais pour ôter la vûë des faces au commandement qui les enfile, il faut premiérement que le parapet de la face opposée à la montagne soit haut de neuf pieds, large de vingt-quatre, & percé d'embrasures de trois en quatre toises; à huit toises de ce parapet on peut élever une traverse ou plûtôt un cavelier long de quinze toises, au moins

moins haut de trois ou de quatre, ſelon l'élevation & la proximité du commandement & paralelle au rempart de la face, qui ne ſera point enfilée, duquel il ſera ſéparé par un foſſé large & profond de trois toiſes. Le terre-plein de ce cavalier ſera large de onze toiſes, dont quatre ſeront occupées par le parapet oppoſé au commandement, qui ne doit avoir que trés-peu de pente. Le reſte ſervira pour le recul du canon, & pour faire un autre parapet qui empêchera qu'on ne ſoit vû de revers de l'autre côté de la contreſcarpe. Lors que le commandement eſt fort élevé, au lieu de donner trois ou quatre toiſes de hauteur au cavalier, je voudrois ne lui en donner que deux & huit de large; puis laiſſant un foſſé large de trois toiſes, élever derriére ce cavalier une traverſe aſſez haute pour couvrir le reſte de la face, & large ſeulement de quatre toiſes.

Ce deſſein eſt un peu moins propre que le premier à contrequarrer les batteries du commandement; mais auſſi il coûte moins, il ne donne pas tant de priſe aux bombes, & il n'eſt pas ſi difficile à ruiner en ſe retirant, ni ſi dangereux pour le retranchement du baſtion. Quand la montagne eſt extrémement haute, & fort proche de la place, les traverſes valent mieux que ces cavaliers, parce que ce ſont autant de batteries, d'où l'on peut tirer au commandement, ſi pendant les décharges des derniéres traverſes, les Canonniers des premiéres ſe mettent à l'abri du feu, & ne laiſſent point leurs poudres découvertes.

vertes. Ces traverses seront larges de quatre toises, hautes de huit ou de neuf pieds, & on laissera au moins quatre toises & demie de distance d'une traverse à l'autre, afin de pouvoir pratiquer deux embrasures & un merlon, dans le morceau du parapet de la face qui se rencontrera dans cet endroit : l'on observera les mêmes mesures dans les traverses qui couvriront les courtines où elles ne sont pas d'une aussi grande conséquence que sur les faces. Comme il est difficile qu'une face soit enfilée, sans que le flanc qui la joint soit vû de revers ; pour le couvrir, on pourra prolonger la traverse du second dessein, ou plûtôt sans élever ce prolongé qui est embarrassant, on mettra le long du flanc une levée haute de neuf à dix pieds, & même davantage, s'il est nécessaire. Elle sera large de quatre toises, & on laissera un fossé large & profond de neuf pieds entre le rempart du flanc & cette levée ; si cela gâte le retranchement, il faudra tenir la demi-gorge de ce flanc plus grande que les autres. Les faces & les courtines qui sont vûës de revers, doivent être couvertes par de semblables levées, qui ne gâtent point le retranchement. Au lieu de ces levées tous les Ingénieurs se servent d'un cavalier qui suit la figure du bastion, & ce sont là les cavaliers de la troisiéme espéce, qui doublent le feu de la place, en couvrant les endroits commandez. Il est impossible de se retrancher dans ces bastions, & quoi qu'ils doublent la défense de ceux qui leur sont opposez, cela sera

sera inutile, s'il n'y a de pareils cavaliers dans tous les bastions de la place; car il est à supposer que l'ennemi attaquera plûtôt le bastion qui renfermera un cavalier, & qui sera sans retranchement, que ceux qui seront mieux défendus, & qui pourront être retranchez. Dans ma fortification, le prolongé de mes flancs tient lieu des cavaliers de la seconde espéce, & c'est en cet endroit qu'on les voit dans les desseins de tous les Auteurs qui ont mis en usage le flanc fichant. Quelques-uns en ont élevé aussi sur le milieu de la courtine, où ils me paroissent fort bien placez pour découvrir l'ennemi dans ses travaux; car les piéces qu'on loge dessus, peuvent être pointées vers toutes les batteries éloignées qui battent la tenaille, sur laquelle ils sont élevez. Ils doivent être plus hauts de quatre ou de cinq toises que le rempart de la courtine, assez longs pour tenir quatre, cinq, ou six canons, larges de huit toises, & éloigné de quatre ou de cinq toises de la courtine, dont il n'est pas nécessaire de les séparer par un fossé. Leur terre-plein doit avoir beaucoup de pente vers la place, & leur parapet sera assez haut de quatre pieds; on formera les embrazures avec des sacs à terre si on le peut, sinon on se contentera de couvrir de gabions le bord du parapet, & on en ôtera un quand on voudra tirer.

ARTICLE XIX.

Des Portes & des Poternes.

DANS une place de guerre on ne doit point avoir égard aux commoditez que les habitans pourroient tirer d'un grand nombre de portes, il faut en mettre le moins qu'il est possible, & leur veritable place est au milieu d'une courtine, où elles sont mieux flanquées qu'en tout autre endroit, & où leurs ruïnes ne peuvent faire aucun tort, ni aucun embarras. Ainsi l'on ne doit point s'assujettir aux grands chemins ni aux principales ruës, il suffit que les charrois puissent arriver aux uns & aux autres en tournant au pied du glacis & du rempart. Les herses, les orgues, les murailles roulantes, les différentes sortes de pont-levis, enfin, toutes les précautions qu'on peut prendre contre le petard & contre les surprises, sont décrites si amplement par le Chevalier de Ville, que tout ce qu'on pourroit dire sur cette matiére ne seroit que des répétitions ou des choses plus nouvelles qu'utiles. D'ailleurs il ne faut opposer aux surprises qu'une grande vigilance, & on seroit bien mal-avisé de se reposer de la sureté d'une place sur toutes ces machines, contre lesquelles on doit supposer que celui qui entreprendra de la surprendre, n'aura pas manqué de se précautionner. Il est fort inutile de faire la dépense d'une porte dans toutes les

les courtines hautes, pour entrer dans le terre-plein des courtines basses, & on y entrera aussi commodément par le coin du flanc bas, en coupant huit ou neuf pieds de son parapet, & faisant une rampe haute d'une toise, & longue de dix-huit ou de vingt pieds. On décendra du rempart dans le flanc bas par deux rampes accolées, hautes chacune de six pieds, ou plus, selon le besoin, longues de dix-huit ou de vingt pieds, larges de six, & placées dans l'angle du revers de l'orillon avec le flanc haut, la plus basse en dehors, & la plus haute en dedans (*V. pl.* 9. *fig.* 6.). On pourroit encore décendre dans le fossé par une rampe, au bas de laquelle il ne seroit pas mal-aisé de mettre une place d'armes entiérement à couvert; mais une poterne me paroît plus commode, & moins dangereuse. Je ne mets point en usage celles qui ne sont propres que pour l'infanterie: une sortie de trente ou de quarante Maîtres peut souvent faire un bon effet. Je donne aux voutes neuf pieds de hauteur, & six de largeur; je mets leur entrée dans le fossé qui est au pied du flanc haut, & leur issuë dans le flanc bas proche de l'angle qu'il forme avec le revers de l'orillon. De crainte que cette issuë ne soit ruïnée par une batterie mise sur la contrescarpe opposée, je la couvre d'une petite avance de massonnerie qui n'est pas de grands frais. Elle est de deux pieds plus haute que la voute, elle avance d'une toise dans son milieu, où elle forme un angle dont les lignes joignent le revers de l'orillon, l'une

 vers

vers son extrémité, l'autre vers le flanc bas. Le dessus gagne insensiblement le talud du revers. De cette poterne on entrera à couvert dans le terre-plein du coffre qui servira de place d'armes, d'où l'infanterie sortira par des degrez de bois, & la cavalerie par une rampe pratiquée dans le milieu du parapet.

Article XX.

Des Citadelles.

Je me suis assez expliqué sur la grandeur des citadelles, vers la fin du huitiéme Article qui traite de la longueur du côté, & je n'ajoûterai rien à ce que j'en ai dit, que la remarque d'une faute qui est commune à tous les Auteurs de fortification, quoi qu'elle soit aussi essentielle qu'elle est visible. Dans une place où tous les flancs sont hauts de vingt ou de vingt-quatre toises, ils dessignent une citadelle dont les tenailles sont de moitié plus petites que celles de la place; & dont par conséquent les flancs n'ont que dix ou douze toises de hauteur. Ils enferment une partie de cette citadelle dans la ville, & ils font sortir le reste vers la campagne, en sorte que l'ennemi peut l'attaquer avant d'assiéger la place. Ils doivent bien juger qu'il n'y manquera pas pour deux raisons; premiérement parce que les tenailles de la citadelle étant de moitié plus petites que celles de la ville, sont aussi de moitié plus foibles;

ce qui eſt un axiôme inconteſtable, ſuppoſé que les unes & les autres ſoient proportionnées dans leur conſtruction, & que celles de la ville ſoient d'une grandeur qui ne ſorte point des régles. La ſeconde raiſon eſt que la citadelle étant priſe, la place ne peut plus tenir, & qu'ainſi il ſe rendra Maître de l'une & de l'autre par un ſeul ſiége, moins long & moins pénible que celui de la ville ſeule: cette raiſon nous fait voir encore qu'il faut rendre les tenailles de la citadelle, qui ſont vers la campagne, plus fortes que celles de la place, en augmentant le nombre, ou la grandeur des dehors de ces premiéres, afin d'obliger l'ennemi à mettre un double ſiége, ou du moins, afin que celui de la citadelle ſeule lui coûte autant de monde, & autant de temps que les deux autres. J'avouë qu'il peut ſe rencontrer des ſcituations dans leſquelles une petite citadelle ſera plus forte que le corps de la place, quoi que ſes tenailles ſoient plus petites de moitié; mais ces Auteurs ne nous propoſent leurs deſſeins, que les ſuppoſant tracez ſur un terrain égal de tous côtez. S'ils concevoient quelque utilité dans les petites citadelles, ſoit en ce qu'elles coûtent moins que les grandes, ſoit parce qu'on n'eſt pas obligé d'y tenir une garniſon ſi nombreuſe, ils pouvoient en imaginer de pareilles à celles de la figure 1. planche 5. dont toutes les parties qui regardent la campagne, ſont auſſi fortes que le corps de la place, & qui oppoſe à la ville un front capable de ſe faire reſpecter. C'eſt encore ce qui

 manque

manque à leurs desseins. Je ne donne point celui-ci pour bon, mais je le propose seulement comme meilleur que celui de ces Auteurs.

Dés que l'on conviendra que la citadelle doit être mieux fortifiée que la ville, il faudra conclure qu'elle doit aussi occuper l'endroit le plus fort d'assiette, & c'est à le bien choisir que l'Ingénieur doit sur tout s'attacher. On croit communément qu'il faut placer les citadelles sur le lieu le plus élevé qui se rencontre dans l'enceinte de la place: pour moi je ne pense pas que ce soit une régle générale: & voici les exceptions que j'y voudrois mettre.

S'il y avoit un marais à l'opposite de ce lieu élevé, c'est à dire, de l'autre côté de la ville, je tiens que ce marais seroit la vraye place de la citadelle, si elle n'y étoit point commandée de maniére qu'on ne pût pas y remédier facilement; car l'approche en seroit beaucoup plus difficile, & du reste l'élévation de tout le corps de la citadelle ne sert pas à commander la ville: il suffit d'élever beaucoup la courtine qui regarde la place, ou même un cavalier capable de contenir dix ou douze piéces de canon. Outre cela l'élevation est inutile aux batteries de mortiers, qui n'ont guéres moins d'éloquence pour persuader la soûmission aux Bourgeois révoltez que les batteries de canon.

Lors qu'il passe dans la ville une riviére un peu considérable, la citadelle doit être sur l'un des bords de la riviére, & au dessous du du courant. Cette ſcituation donne lieu d'augmenter ſa force du côté de terre, le côté de l'eau n'ayant pas beſoin d'être fortifié avec tant de précaution. S'il y a deux villes, elle en empêche la communication par la rupture des ponts, & ſouvent elle peut donner au Gouverneur la liberté de noyer la campagne toutes les fois qu'il le jugera néceſſaire, ſans que les Bourgeois puiſſent y mettre obſtacle. Ainſi dans cette occaſion, non plus que dans la précédente, il ne faut point s'attacher à choiſir le lieu le plus élevé, à moins qu'il ne fût impoſſible de ſe couvrir de ſon commandement.

Dans les villes maritimes, il faut de toute néceſſité que la citadelle commande & à la ville, & au port, & à la rade. Si le corps de la citadelle n'eſt pas tout à fait ſur le bord de la mer, on avancera quelque ouvrage à corne pour le gagner; & tout ce qui regardera le port, l'entrée du port, & la rade, doit être bâti par étage comme les flancs retirez, afin que les vaiſſeaux ennemis ſoient obligez d'eſſuyer le feu de deux ou de trois batteries. Il ſe trouve des baſſins dont l'entrée n'a pas plus d'une demie portée de mouſquet de largeur: pour lors il eſt bon de bâtir ſur l'un des bords de cette entrée un grand ouvrage à corne dont les aîles tireront leur défenſe de la citadelle, & dont la tête regardera la campagne. De quelque maniére que la citadelle ſoit ſcituée, il faut qu'elle tire toute ſa défenſe d'elle-même. Dans celle de Ligourne, il y a deux faces qui ne ſont défenduës que par les flancs de la ville ; ce qui, à mon sens, est un grand defaut, puis que ces faces ne peuvent être defenduës ni contre les Bourgeois, ni contre l'ennemi qui sera Maître de la place.

Les bastions de la ville qui sont sous le feu de la citadelle, ne doivent pas être entiers. Il faut tirer une ligne de leur angle flanqué aux faces des bastions de la citadelle, qui sont les plus proches du corps de la place, & non pas à celles des bastions renfermez. (*V. pl. 5. fig. 2.*) Cette ligne qui tiendra lieu d'un demi-bastion, & d'une courtine, sera mieux défenduë que l'aîle d'un ouvrage à corne, parce qu'on donnera plus de largeur à son fossé, elle augmentera la grandeur de la place, elle donnera plus de jour à la citadelle pour battre la ville, elle pourra faire partie d'une demi-lune, enfin elle épargnera la dépense, & le danger d'un flanc, dont l'ennemi ne manqueroit pas de se servir pour battre la citadelle.

CHAP.

CHAPITRE II.

Des Dehors.

ARTICLE I.

De la Défense des Dehors.

L'EXPERIENCE des derniéres guerres a si bien fait connoître de quelle conséquence, & de quelle utilité les dehors pouvoient être, qu'il est à present inutile de s'étendre sur les avantages qu'ils procurent. Ils sont de différentes figures & de différentes grandeurs, selon la dépense qu'on y veut faire, ou l'usage auquel on les destine; les plus usitez sont les demi-lunes, les contre-gardes, les demi-lunes tenaillées, autrement accornées, les ouvrages à corne à demi bastions, & les ouvrages à couronne. Pour les ouvrages à corne sans demi-bastions, appellez ouvrages en tenaille, ce sont des dépenses inutiles; car pour peu qu'ils soient élevez, le milieu, ou si l'on veut, l'angle rentrant de leur front n'est point défendu, & l'Auteur Italien qui appelle les forts en étoile (qui sont la même chose que le front de ces ouvrages) des cométes fatales à ceux qui les bâtissent & qui s'y fient, n'a pas si mal rencontré que le Chevalier de Ville s'est imaginé.

On doit éviter trois fautes considérables que les Anciens ont faites dans la construction de leurs dehors. Les uns sont trop petits, les autres ne sont point défendus, & quelques-uns sont trop petits, mal placez & mal défendus. Ceux de Monsieur de Vauban n'ont aucun de ces defauts, mais ils ont celui des bastions qui ne sont défendus que par des flancs plats, c'est à dire que le mineur s'attache facilement à leurs faces, ou à leurs aîles, parce qu'elles ne sont flanquées que de la face du bastion qui est platte, & sur laquelle il est fort aisé de démonter tous les canons qui les défendent. Il m'a semblé que la défense de ces piéces seroit beaucoup augmentée, si leur fossé étoit battu d'une place haute, & d'une place basse, & si l'on pratiquoit dans les faces des bastions qui les flanquent, des espéces d'orillons, dont le revers donnât à quatre toises de l'angle flanqué du dehors; en sorte que toute la face, ou toute l'aîle fût découverte du canon qu'il cacheroit. (*V. élevation pl.* 14.) Je ménage ces orillons sur toutes les faces des bastions qui flanquent quelque dehors, & je ne compte pas pour peu la nécessité où leur canon caché met le mineur ennemi de se couvrir autrement qu'avec de simples mantelets. Mais parce que ce canon pourroit être démonté d'une batterie mise sur la contrescarpe, je place dans l'angle rentrant des gorges du dehors une petite demi-lune, comme celle de la figure 1. pl. 6. Elle forme un angle de soixante degrez, ses faces ne sont pas paralelles à celles de la grande, elles tirent leur défense des deux courtines, de l'orillon, de la face du bastion, & des flancs. Son rempart est élevé de dix pieds au dessus de la campagne, & je la forme en rapportant les terres du fossé. Rien n'oblige de creuser un fossé au devant de ses faces; cependant elle seroit beaucoup meilleure s'il y en avoit un profond de dix à douze pieds, qui occupât tout l'espace qui reste entre son escarpe & le rempart de la grande demi-lune. Cette petite piéce peut être le dernier retranchement de tous les dehors, & elle empêche, comme je viens de dire, que le canon caché sur la face du bastion pour la défense d'un dehors, ne puisse être démonté par une batterie mise sur la contrescarpe opposée, ce qui arriveroit si l'angle rentrant sur lequel cet ouvrage est élevé, restoit à niveau de la campagne.

Outre la conservation de ce canon qui ne me paroît pas un petit avantage, ces espéces d'orillons me donnent encore lieu de rendre la défense des ouvrages à corne moins oblique, & ils me fournissent assez de place pour une batterie basse, dont j'ai long-temps balancé à me servir, dans la crainte que les bombes n'y fissent trop de degât, & que ses ruïnes ne couvrissent le mineur ennemi; mais enfin je m'y suis résolu, étant persuadé que les bombes ne pourroient pas ruïner une voute triple, terrassée en dessous, dont je fais le terre-plein de cette place basse, & que les mousquetaires qu'on y mettroit, ou même quelques petites piéces qu'on pourroit y loger, seroient d'un grand secours pour défendre les fossez des dehors. Au reste bien loin d'appréhender que ses ruïnes ne portent préjudice, on doit s'assurer qu'il en tombera moins dans le fossé, que si la face du bastion étoit de toute sa hauteur en cet endroit; car si cela étoit, les ruïnes de la batterie haute tomberoient au pied de la muraille, au lieu qu'elles sont reçûës dans le terre-plein de la batterie basse, d'où on peut les tirer facilement quand elles incommodent. Le flanc haut & la ligne qui fait partie du retranchement, doivent être de terre non revêtuë, tant pour épargner les frais du revêtement, que pour obvier aux desordres que les éclats feroient dans la place basse, & pour faciliter la rupture de ce flanc quand il sera nécessaire de se retrancher. Lors que l'ennemi sera Maître des dehors, & quand on ne verra plus de jour à les reprendre, il faudra rompre le parapet de cette place basse, qui pour lors sera inutile, & qu'on n'auroit peut-être pas le temps de détruire si l'on attendoit que l'on fût obligé de travailler au retranchement.

ARTI-

ARTICLE II.

Combien les Dehors peuvent être éloignez du Corps de la Place.

ON a fort mal expliqué une des principales maximes qu'il faut observer dans la construction des dehors, en disant qu'ils ne doivent pas être plus éloignez de la place que de la portée du mousquet. Les anciens Auteurs qui ont presque tous établi ce principe, ont apparemment voulu parler des dehors, qui tirent leur défense du corps de la place; autrement ils n'auroient pas admis, comme ils ont fait, des ouvrages à corne flanquez sur leurs aîles, ni des ouvrages à corne doubles, dont l'extrémité est quelquefois éloignée du corps de la place de deux portées de mousquet.

L'éloignement des dehors ne doit être réglé que par l'éloignement du terrain qu'on veut gagner. Par exemple, si on juge qu'il soit nécessaire d'occuper un poste éloigné de trois cens toises, on peut sans craindre de sortir des régles de la bonne fortification, avancer des dehors vers ce poste, observant que les dehors qui seront flanquez par d'autres dehors, soient à portée de ceux qui les flanquent, & que ceux qui seront flanquez du corps de la place, n'en soient pas plus éloignez que de la portée du mousquet. Ceci roule sur une des maximes fondamentales de la fortification, qui est que, L'EX-

TREMITÉ DE TOUTE PIECE FLANQUÉE NE DOIT PAS ESTRE PLUS ELOIGNÉE DE CELLE QUI LA FLANQUE, QUE DE LA PORTÉE DU MOUSQUET.

ARTICLE III.

Des Demi-lunes.

L'USAGE a fait changer de nom à ces piéces qu'on appelloit autrefois ravelins, & ce qu'on nommoit demi-lunes, étoit une espéce de contregarde. Il y a dans quelques places de Hollande des demi-lunes qui font la figure d'un bastion détaché, comme celle de la figure 7. pl. 6. le fossé des unes est paralelle à leurs faces & à leurs flancs, comme A, & celui des autres n'est paralelle qu'aux faces (*V.* B.) Les premiéres ne valent rien, parce que l'ennemi est à couvert dans le fossé de leurs faces ; & quoi que les autres n'ayent pas ce defaut, elles ont celui de ne pas couvrir entiérement les flancs de la place, ou il faudroit que la défense de leurs faces commençât trop proche de l'angle flanqué du bastion. Outre cela leurs flancs augmentent la dépense du fossé, & je ne vois pas de quelle utilité ils peuvent être.

Tous les Auteurs qui ont traité de la fortification ont fait une faute dans la construction des demi-lunes, dont ils tirent les faces à l'angle de l'épaule du bastion de la ville, comme en A fig. 8. pl. 6. Le fossé de ce dehors

hors est large de dix ou douze toises, sa contrescarpe donne en B, & ils comptent que ce fossé est défendu par tout l'espace AB : cependant il s'en faut prés de trois toises qui sont occupées par le parapet du flanc, & par le chemin des rondes, comme il se voit en cette figure 8. Le Comte de Pagan s'y est trompé plus considérablement que pas un, il ne prend pas garde en quel endroit commence la défense des faces de ses demi-lunes ; mais il fixe leur longueur à certain nombre de toises, aussi bien que la largeur de leurs gorges, & suivant ces mesures elles donnent dans les flancs des bastions, au lieu de donner sur les faces, ce qui fait perdre à leur fossé plus du tiers de sa défense. De plus, sa seconde demi-lune qui sert de retranchement à la grande, est fort mal flanquée.

Monsieur de Vauban est le premier qui se soit avisé de cette faute, & pour la corriger, il fait donner les faces des demi-lunes sur celles des bastions à six toises de l'angle de l'épaule. Ainsi leur fossé est flanqué par un espace de la face du bastion égale à sa largeur, & il est vû en partie des six toises qui sont entre l'angle de l'épaule, & l'endroit où commence sa défense.

Mes demi-lunes donnent à huit toises de l'angle de l'épaule, & j'ai crû pour plusieurs raisons devoir ajoûter deux toises aux six de Monsieur de Vauban. Le flanc bas de mes bastions en est mieux couvert, l'orillon n'est point affoibli par le flanc retiré que je pratique

que dans la face du bastion pour flanquer les dehors ; ce même flanc est de toute la largeur du fossé qu'il flanque, & les huit toises que je laisse depuis l'angle de l'épaule jusqu'à ce flanc, découvrent la campagne, flanquent une partie du fossé du dehors, & enfilent son rempart. Il vaut mieux ne donner que soixante & dix degrez d'ouverture à l'angle flanqué des demi-lunes, que de le faire droit ; car la défense en est moins oblique, & les demi-lunes aiguës couvrent mieux les flancs, & défendent mieux les contre-gardes, que les demi-lunes obtuses.

Je n'ai point fixé à un certain nombre de toises la largeur des demi-gorges de la petite demi-lune que je place dans l'angle rentrant des dehors, ni la longueur de ses faces, je me suis seulement attaché à la rendre bien flanquée, de quelque grandeur que soit la courtine qu'elle couvre. Le Comte de Pagan, qui en met une à peu prés pareille à celle-ci, la fait d'une même grandeur dans ses trois sortes de fortifications ; ses faces sont paralelles au rempart de la grande demi-lune, & elles n'en sont éloignées que de six toises. Cette construction me paroît avoir deux defauts ; l'un est que le fossé qui reste entre le rempart & la petite demi-lune, est trop étroit, & ne donne pas assez de jour à défendre les faces, l'autre que ces faces ne sont que médiocrement bien flanquées dans la grande fortification, & qu'elles le sont fort mal dans la petite & dans la moyenne. Il est vrai que j'ai été obligé de diminuër la grandeur des mien-

miennes, pour augmenter la défense qu'elles tirent des courtines, mais il me semble qu'on doit préférer un retranchement médiocrement vaste & bien flanqué, à un grand retranchement mal défendu. Dans ces sortes d'ouvrages d'où l'on ne peut pas battre la campagne, ce n'est point leur front qui cause le plus de dommage à l'ennemi, ce ne sont que les endroits qui le flanquent, & je n'allégue ces raisons qu'en faveur de ma moyenne & de ma petite fortification ; car dans la grande ce retranchement est aussi vaste que celui du Comte de Pagan.

ARTICLE IV.

Des Demi-lunes tenaillées ou acornées.

LES demi-lunes acornées ou tenaillées sont des demi-lunes couvertes par des ouvrages à corne en tenaille, dont le front est ouvert de chaque côté depuis l'escarpe jusqu'à la contrescarpe du fossé de la demi-lune, de maniére qu'un côté de la tenaille n'a point de communication avec l'autre, & que ses faces, qui sont formées par le prolongement de celle de la demi-lune, sont flanquées du corps de la place comme la demi-lune (*V. fig. 9. pl. 6.*) Il seroit difficile de trouver un meilleur moyen de mettre les tenailles en bonne défense, mais souvent il vaudroit mieux se servir d'un ouvrage à corne avec des demi-bastions, dont toute la courtine fût occupée par le fossé de la demi-lune,

lune, comme celui de la pl. 6. fig. 2. Il gagneroit plus de terrain, & il éloigneroit davantage l'ennemi du corps de la place, parce que ses pointes sont plus avancées que celles de la tenaille, parce qu'il est également propre à couvrir une demi-lune qui n'auroit que soixante degrez d'ouverture, & une autre dont l'angle flanqué seroit droit, & enfin parce que l'on peut encore avancer devant sa courtine une demi-lune d'une grandeur raisonnable, qui sera bien défenduë par les faces des demi-bastions de cet ouvrage, ce qu'il est impossible de faire au devant d'une tenaille. Je ne crois pas qu'il soit nécessaire de démontrer qu'une tenaille ne peut pas être employée à couvrir une demi-lune fort aiguë; car si on vouloit que l'angle flanqué de la tenaille n'eût pas moins de soixante degrez d'ouverture, il faudroit que ses aîles fussent paralelles aux faces de la demi-lune, ce qui seroit défectueux en ce que les aîles ne seroient plus si bien défenduës par les faces du bastion de la place, & en ce que la tenaille n'opposeroit à l'ennemi qu'un fort petit front. Ce dernier défaut se rencontre toûjours dans la tenaille de quelque ouverture que soit l'angle flanqué de la demi-lune qu'elle couvre. On pourroit dire que cet ouvrage ne couvre pas entiérement la pointe de ma demi-lune, & qu'il vaudroit autant en faire un tout complet avec une demi-lune en dedans, que ce dernier gagneroit bien plus de terrain, & qu'il éloigneroit bien plus l'ennemi.

Je

Je répons à la premiére objection, que l'assiégeant ne peut battre que de travers l'extrémité de ma demi lune, mais qu'il ne peut pas y faire une brêche considérable, & que ce ne seroit pas par cet endroit qu'il commenceroit son attaque, quand même la brêche pourroit être assez grande, ou qu'il coureroit risque de payer bien cher son imprudence, parce que cette brêche seroit flanquée de quatre endroits differens.

Pour la seconde objection, j'avouë que s'il faloit gagner quelque poste éloigné d'une portée de mousquet, un ouvrage à corne complet seroit meilleur que celui-ci, parce qu'on le pourroit avancer davantage; mais supposé qu'on ne soit pas obligé de s'avancer, j'estime l'ouvrage à corne brisé autant qu'un autre de pareille grandeur qui ne l'est pas. Outre que le premier épargne le revêtement de la courtine, lors que tout l'ouvrage est revêtu.

Le seul avantage que la tenaille ait sur l'ouvrage à corne, c'est que l'un de ses côtez étant pris, le front de l'autre est toûjours flanqué du corps de la place, ce qui n'arrive pas dans l'ouvrage à corne, ou dés que l'ennemi s'est rendu Maître d'un côté, il peut s'approcher du front de l'autre, sans être vû d'aucun endroit; mais la demi-lune qu'on peut mettre au devant de ses demi-bastions, est capable seule de récompenser cet avantage: outre cela tant que les assiégez sont Maîtres des deux côtez, le front de l'ouvrage à corne est incomparablement mieux défendu du que celui de la tenaille, & un petit retranchement dans le demi-bastion, donne le temps de creuser un fossé pareil à celui qui est marqué par les ponctuations 111. fig. 2. pl. 6. & d'élever du côté de la place un rempart, qui sera aussi-bien défendu de la grande demi-lune, que le front de la tenaille l'est du bastion de la place.

ARTICLE V.

Des Contre-gardes.

LEs petits ouvrages qu'on voit à la pointe des bastions dans quelques places de Hollande, tels que ceux de la fig. 7. pl. 6. ne ressemblent aux contre-gardes que par leur scituation. Il n'est pas besoin d'indiquer leurs defauts, l'inspection de leur plan fait assez connoître qu'ils ne couvrent pas la pointe du bastion, ni même tout le flanc, & que l'ennemi ne craint que la grenade lors qu'il est décendu dans le fossé de leurs faces.

Le Chevalier de Ville veut que ses contre-gardes tirent leur défense du flanc opposé au bastion qu'elles couvrent; comme celles de la fig. 10. pl. 6. mais il n'a pas pris garde qu'on ne pouvoit pas les employer dans les grandes places, parce qu'il est impossible que leur pointe soit assez prés des flancs qui doivent la défendre, si la ligne de défense de la place est de la portée du mousquet; ceci n'a pas besoin d'être démontré. Outre cela on ne peut pas couvrir avec ces sortes de contre-gardes les bastions des quarrez, ni ceux des pentagônes, dont l'angle flanqué est aigu, & la défense razante, parce que leurs angles flanquez ne seroient pas d'une ouverture suffisante; car il faut nécessairement qu'elles les forment beaucoup plus aigus que les bastions de la place, pour être découvertes des flancs opposez à ces bastions, comme on le voit par la fig. 10. pl. 6. Enfin on se priveroit par cette construction du principal avantage qu'on doit retirer des contre-gardes, qui est la conservation des flancs des bastions.

Je crois avec le Comte de Pagan qu'il faut mettre des demi-lunes devant les courtines, lors qu'on éléve des contre-gardes devant les bastions; mais je ne suis pas tout à fait de son avis sur la construction des contre-gardes. Il les fait toûjours larges de seize toises, leurs faces sont paralelles à celles des bastions, & leurs flancs le sont aux faces de la demi-lune, je voudrois changer deux choses à cette méthode.

Premiérement, dans les quarrez & dans les autres figures dont les angles flanquez sont aigus, au lieu de mener les contre-gardes paralelles aux faces des bastions, ou à la contrescarpe; je crois qu'il vaudroit mieux leur donner seize toises de largeur vers leurs flancs, & huit ou dix seulement vers l'arondissement de la contrescarpe, comme je l'enseignerai dans la construction; cela ne diminuëroit point leur force, & leurs

leurs angles flanquez deviendroient moins aigus.

Secondement je ne laisse point leur flanc inutile, mais je lui fais découvrir toute la face de la demi-lune, & l'on doit même y pratiquer un orillon, qui empêche que l'assiégeant ne puisse démonter un canon qui bat de revers la face de la demi-lune. Ces sortes de flancs n'obligent pas à donner tant de pente aux parapets de la demi-lune, que ceux du Comte de Pagan, parce que leur angle de l'épaule est plus éloigné de la demi-lune, & qu'il suffit que la pente du parapet donne au pied de cet angle. J'avouë qu'ils coûtent plus de fossé, mais cette dépense est peu de chose; & d'ailleurs si les contre-gardes sont revêtuës, la massonnerie qu'ils épargnent vaut cette augmentation du fossé. La figure premiére, planche sixiéme, fait voir qu'il reste quelques quatre toises & demie paraleilles aux faces de la demi-lune. Elles sont occupées par le parapet & par la banquette, & elles servent à soûtenir cette pointe, qui deviendroit trop aiguë, si je ne laissois ces quatre toises & demie pour résister. Il faut en temps de siége mettre derriére la partie la plus étroite de ces flancs, quelque galerie de charpenté large d'une toise, & aussi élevée que le rempart de la contre-garde, afin de donner plus de liberté aux soldats, qui sans cela auroient trop de peine à se ménager assez bien dans l'ardeur du combat, pour ne point tomber dans le fossé en décendant la banquette du parapet.

Si on mettoit des flancs retirez dans les faces des demi-lunes pour la défenſe des contre-gardes, comme j'en mets dans les baſtions pour la défenſe des demi-lunes, le rempart des unes & des autres dévroit être également élevé; mais n'en mettant point, comme beaucoup de raiſons peuvent en empêcher, il me ſemble qu'il ſeroit bon d'incliner en glacis le rempart de la contre-garde, depuis ſa pointe juſqu'à ſon flanc, en ſorte que toute la partie qui couvre le flanc du baſtion, fût aſſez haute pour le couvrir, & que ce qui ſeroit le plus proche de la demi-lune, fût aſſez bas pour être enfilé de ſon rempart: car ſelon toutes les apparences, l'ennemi ſe ſaiſiroit plûtôt d'une contre-garde que d'une demi-lune, la premiére étant beaucoup plus mal défenduë que la ſeconde. Lors que le mineur ſera attaché à la contre-garde, ſi on ne peut pas y apporter d'autres remédes, on ſe ſervira de celui qu'on met en uſage pour les membres gangrenez, on coupera au plus vîte la partie malade, & on tâchera de conſerver celle que l'on croira ſaine, en faiſant une taillade pareille à celle qui eſt marquée par les ponctuations 2233. fig. 1. pl. 6.

Si on vouloit employer les petits ouvrages dont j'ai parlé au commencement de cet Article, à empêcher ſeulement l'aſſiégeant de battre les flancs, juſqu'à-ce qu'il eût gagné ces petits épaulemens, il faudroit les élever de deux toiſes, & ne point mettre de foſſé au devant, ni leur donner aſſez de largeur

geur pour servir de batterie. Il suffiroit que leur rempart fût large de cinq toises, & il seroit bon de tâcher à le faire sauter dés qu'on seroit obligé de l'abandonner.

Article VI.

Des Ouvrages à corne.

On place les ouvrages à corne ou devant les courtines, ou devant les bastions, selon qu'on a besoin de gagner le terrain qui est ou devant les bastions, ou devant les courtines, & on les fait quelquesfois courts, d'autresfois aussi longs que la portée du mousquet, souvent même ou doubles, ou flanquez d'un flanc mis sur leurs aîles, selon que ce terrain est plus ou moins éloigné du corps de la place.

Lors qu'on bâtit une place neuve proche d'un poste vers lequel on juge qu'on sera obligé d'avancer un ouvrage à corne, il faut disposer les bastions de la place de maniére que ce poste se trouve vis à vis d'une courtine; car les ouvrages à corne scituez sur les pointes des bastions sont toûjours défectueux, ou par leur foiblesse, ou par la dépense qu'ils causent. Ils sont trop foibles, parce qu'il est impossible que les flancs de leurs demi-bastions soient d'une longueur suffisante, quand pour épargner de grands frais, on trace ces ouvrages en queuë d'ironde, & quand leurs aîles tirent leur défense des faces du bastion dont ils couvrent la pointe.

pointe. La raison de ce defaut est, que dans les bastions ordinaires les aîles de l'ouvrage doivent donner à dix ou douze toises de la pointe pour être bien défenduës, & qu'étant si prés l'une de l'autre par leur extrémité, il faut qu'elles s'écartent, & qu'elles forment avec le côté extérieur de leur front, un triangle dont l'angle du sommet ait soixante, ou du moins cinquante degrez d'ouverture, si on veut que ce front soit raisonnablement grand, & que la défense des aîles ne soit pas trop oblique. Or si l'angle du sommet, qui est celui que les aîles forment ensemble, a cinquante degrez, ceux qu'elles formeront avec le côté extérieur de leur front n'en auront que soixante & cinq chacun; & pour ne point sortir des régles de la bonne fortification, qui veulent que l'angle flanqué ne soit jamais moins ouvert que de soixante degrez, il n'en faudroit diminuer que cinq sur les soixante & cinq des angles du côté extérieur, & ces cinq degrez ne donnent pas des flancs d'une bonne longueur.

On pourroit mettre à la pointe des bastions des ouvrages à corne pareils à celui de la fig. 3. pl. 6. dont les demi-bastions auroient des flancs longs de seize toises, mais jusqu'à l'octogône on seroit obligé de diminuër un peu les flancs du bastion de la place, & depuis l'octogône il faudroit tenir la défense razante, pour augmenter la longueur des faces de ce bastion jusqu'à soixante & cinq, ou soixante & dix toises, comme j'ai fait dans cette figure, afin qu'il restât trente cinq,

ou

ou quarante toiſes de la face, qui défendiſſent les aîles de l'ouvrage, quoi que la défenſe de ces aîles ne commençât qu'à trente toiſes de l'angle flanqué du baſtion. Il faudroit encore éloigner le front de l'ouvrage de toute la portée du mouſquet; car moins il en ſeroit éloigné, plus ſes angles flanquez deviendroient aigus, à quoi on ne pourroit remédier qu'en diminuant la hauteur des flancs des demi-baſtions. On remarquera que dans un pareil ouvrage, ou dans tout autre dont la ligne flanquée fait un angle droit ou obtus avec ſon flanc, la longueur de la ligne de défenſe ne doit pas être priſe depuis l'extrémité de la ligne flanquée, juſqu'à l'endroit où elle rencontre ſon flanc, mais juſqu'à l'extrémité de ce flanc, autrement elle ne ſeroit défenduë que par les premiers mouſquetaires. Si ce dehors n'eſt pas le meilleur qu'on puiſſe conſtruire à la pointe d'un baſtion, parce que ſa défenſe eſt fort oblique, que ſon front & ſes flancs ſont trop petits, & qu'il rend moins fortes les deux tenailles de la place ſur leſquelles le baſtion dont il couvre la pointe eſt conſtruit: du moins il peut être employé lors qu'on n'eſt pas obligé de gagner un terrain fort éloigné, & lors qu'on veut aller à l'épargne. Il a même cet avantage qui ne ſe rencontre pas dans les autres, que toutes ſes parties ſont enfilées & battuës du corps de la place, au lieu qu'une partie du rempart des autres peut ſervir d'épaulement aux aſſiégeans.

Quand on ne craindra point la dépenſe, &

& lors qu'il faudra nécessairement s'avancer au delà de la portée du mousquet, on pourra faire un ouvrage à couronne tel que je l'enseignerai en parlant de ce dehors, ou un ouvrage à corne pareil à celui de la fig 4. pl. 6. Il est flanqué du corps de la place jusqu'à l'extrémité de ses premiéres aîles, & dans tout le reste il se defend lui-même.

On voit beaucoup d'exemples de ces ouvrages à corne flanquez sur leurs aîles, soit par un simple flanc, comme celui de la fig 11. pl. 6, soit par un bastion entier, comme en la fig. 12. pl. 6. Le Chevalier de Ville donne le dessein de la premiére, & l'une & l'autre sont également mauvaises, en ce que l'ennemi est à couvert dans l'angle de ce flanc, ce qui n'arrive point dans mon dessein, où je mets des bastions à la pointe de l'ouvrage, au lieu de demi bastions. Le flanc de l'aîle est vû de revers du flanc du bastion de la tête qui lui est opposé ; ainsi l'ennemi n'est plus à couvert dans cet angle, & la partie de l'aîle qui n'est point défenduë du corps de la place, est flanquée de deux bons flancs comme une courtine : ceci doit être encore observé dans les ouvrages à corne mis au devant des courtines, lors qu'on est obligé d'élever des flancs sur leurs aîles ; il faut aussi, bien qu'il en coûte plus, faire des bastions entiers à leurs pointes au lieu de demi-bastions, ou pour épargner une partie des frais des demi-bastions, on construira les flancs des aîles, comme ceux des redens que je décris dans l'irréguliére chap. 4. ce qui n'approchera pas néanmoins de la force du premier dessein.

Les anciens Auteurs qui ont mis des ouvrages à corne devant les courtines, ont fait dans la construction de ces ouvrages une faute encore plus considérable que celle dont j'ai parlé dans l'Article des demi-lunes. Ils forment les aîles de l'ouvrage par le prolongement des flancs des bastions de la place; ainsi le fossé de ces aîles ne peut pas être défendu par un espace de la face du bastion égale à sa largeur, puis que l'épaisseur du parapet du flanc & la largeur du chemin des rondes, en retranche au moins quatre toises: à quoi Monsieur de Vauban remédie comme dans les demi-lunes; & je fais aussi donner les aîles de l'ouvrage à huit toises de l'angle de l'épaule. Je pratique une espéce d'orillon dans la face du bastion pour la défense de ces aîles, comme j'ai déja dit que je faisois pour celles des demi-lunes; & lors que la défense me paroît trop oblique, je la rends ou plus droite, ou presque droite, en tenant la ligne qui est à la place du prolongé de l'aîle du dehors, moins longue que le revers de cet orillon. Je voudrois que dans toutes les places neuves où l'on doit faire quelques ouvrages à corne, on mît en usage ce que j'ai remarqué dans Sarloüis. Le côté qui est couvert de l'ouvrage à corne, est plus grand que les autres, & les flancs de ses bastions sont plus petits. On peut s'exempter de diminuër la longueur des flancs; cependant je ne desapprouverois pas qu'on le fit, parce

que

que le côté qui est couvert d'un pareil dehors est toûjours bien plus fort que les autres. Cet agrandissement du côté donne lieu d'élargir le front de l'ouvrage à corne, & la diminution des flancs de la place rend la défense des aîles de l'ouvrage moins oblique ; car en ôtant quelques toises aux flancs, on ôte en même temps quelques degrez à l'angle du feu, qui est celui que la ligne de défense razante forme avec la courtine ; & plus cet angle est aigu, plus celui que les aîles de l'ouvrage forment avec les bastions, approche du droit. Par cette même raison il ne faut pas songer à tirer du feu de la courtine dans ces grands côtez, outre que cela rendroit la ligne de défense plus longue. On voit par les fig. 5. & 6. pl. 6. la différence qu'il y a d'un ouvrage à corne tracé sur une tenaille fortifiée à l'ordinaire, à un autre mis sur un côté aggrandi. Le dernier fournit assez de place pour former, en rapportant les terres, un autre ouvrage à corne en dedans du grand, qui seroit presque aussi-bien défendu, & qui me paroît meilleur qu'un ouvrage à corne double ; car l'ennemi peut se couler le long du premier, & s'attacher à l'aîle du second, au lieu qu'il ne peut aborder celui-ci sans avoir gagné le premier. Cet avantage que j'estime trés-considérable, me fait encore dire que lors qu'on est résolu de faire la dépense d'une demi-lune outre l'ouvrage à corne, cette dépense est bien mieux employée à une demi-lune mise en dedans de l'ouvrage, qu'à une demi-lune mise au de-

devant de sa courtine, à moins que la derniére ne gagnât quelque poste dont il faudroit nécessairement se saisir. Car celle qui seroit en dedans ne pourroit pas manquer d'être utile, de quelque maniére que l'ennemi disposât son attaque, & celle qui seroit devant la courtine de l'ouvrage, ne serviroit à rien, si l'assiégeant s'attachoit à l'une des aîles.

Les ouvrages à corne doubles, comme celui de la fig. 6. pl. 6. ne s'avancent pas tant que les ouvrages à corne flanquez sur leurs aîles ; mais à cela, & à la dépense prés ils valent beaucoup mieux, parce qu'ils donnent double peine à l'ennemi s'il les attaque de front. Il est bon qu'ils soient tous deux en queuë d'yronde, afin que le front du second soit assez grand ; & c'est principalement les côtez qui sont couverts de ces sortes d'ouvrages, qu'il faut tenir plus grands que les autres côtez de la place.

La longueur des flancs des demi-bastions d'un ouvrage à corne doit approcher autant qu'il est possible de celle des flancs de la place, & le Chevalier de Ville fait une faute considérable dans les siens, où il dit que six toises suffisent ; & avec des flancs longs de six toises, il fait donner les faces des demi-bastions dans le milieu de la courtine. Il valoit mieux sans comparaison augmenter le flanc, & laisser ce feu de la courtine qui n'est bon que lors que les flancs sont d'une longueur suffisante. Les flancs ne pourront pas être retirez comme ceux de la place, si les faces ne sont au moins longues de trente toises.

Pour

Pour ménager quelque chose dans la construction des ouvrages à corne, on pourroit tenir leur front aussi petit que celui des cornes de la demi-lune accornée, si l'on n'étoit point obligé de gagner du terrain à droite & à gauche. Mais quand on n'aura point d'égard au ménage, je tiens qu'il vaudra toûjours mieux faire leur front presque aussi grand que celui des tenailles de la place, avec des flancs de vingt-quatre, ou de vingt & une toises, & des angles flanquez au moins de soixante degrez. On ne doit pas appréhender que ces grands fronts occupent trop de monde, puis que les petits, dont je suppose les aîles & les flancs égaux à ceux des grands, n'en demandent guéres moins, & que d'ailleurs on n'a pas besoin d'une grosse garde pour le corps de la place, pendant que les dehors tiennent bon.

Si on met des demi-lunes à la tête de ces ouvrages, elles doivent être construites comme celles de la place, & l'on doit ménager une double batterie, & des orillons, dans les faces des demi-bastions, comme je fais dans toutes celles des bastions de la place. Si on ne met point de demi-lunes, on diminuëra la longueur des faces pour augmenter celle des flancs.

Dans tous les ouvrages à corne, je voudrois tracer une grande demi-lune en rapportant les terres. C'est, je crois, le meilleur retranchement qu'on puisse imaginer pour ce dehors, elle n'empêche pas de chicanner le reste de l'ouvrage par des levées de terre, qui tireront d'elle leur défenſe. Il n'eſt pas néceſſaire de creuſer un foſſé au pied de ſes faces en même temps qu'on creuſe celui de l'ouvrage à corne, on peut le faire à loiſir, ou quand on craindra d'être aſſiégé.

Article VII.

Des Ouvrages couronnez.

On ſe ſert rarement d'ouvrages couronnez, parce qu'ils ſont de grands frais, & le Chevalier de Ville n'en donne aucun deſſein. Ces piéces peuvent néanmoins être employées fort utilement à la pointe des baſtions, ou à couvrir deux courtines contiguës, devant leſquelles on voudroit mettre deux ouvrages à corne. Je les trouve auſſi propres à couvrir la pointe d'un baſtion que les ouvrages à corne flanquez ſur leurs aîles, lors qu'on n'eſt pas obligé d'avancer vers quelque poſte fort éloigné.

Les aîles d'un ouvrage couronné mis à la pointe d'un baſtion, doivent prendre leur défenſe à douze ou quinze toiſes de l'angle flanqué de ce baſtion. L'angle du feu doit être droit, ou aigu, & les côtez doivent former entr'eux, & avec des aîles des angles de nonante degrez au moins, que l'on fortifiera d'un baſtion & de deux demi-baſtions, dont les flancs & les demi-gorges auront au moins vingt & une toiſes.

Je ne crois pas qu'on doive mettre un ouvrage couronné ſur une ſeule courtine, puis qu'il qu'il ne seroit guéres plus avancé qu'un ouvrage à corne, à la tête duquel il y auroit une demi-lune, & que ce dernier seroit plus fort.

Le meilleur usage qu'on puisse faire de ce dehors, quoi que les Anciens ne l'y ayent pas employé, c'est de lui faire couvrir deux courtines contiguës, devant lesquelles on seroit obligé de mettre deux ouvrages à corne. Il faut pour cela que les côtez forment ensemble un angle égal à celui que forment les côtez de la place, & qu'ils soient fortifiez de même.

Deux ouvrages à corne pourroient s'étendre un peu plus à droit & à gauche, mais l'ouvrage à couronne a bien des avantages qui compensent ce défaut quand c'en est un. Il épargne la foüille du fossé de deux aîles des ouvrages à corne, & leur revêtement s'ils sont revêtus. Son bastion & ses demi-bastions sont plus ouverts que ceux des ouvrages à corne, ils sont mieux défendus puis qu'ils tirent du feu de la courtine, & on peut augmenter la force de ces aîles, en leur faisant prendre dix ou douze toises de feu dans la courtine de la place, & tenant cependant la contrescarpe de leur fossé dans la même disposition où elle seroit, si ces aîles donnoient sur les faces des bastions, où on pratiquera des orillons comme pour les ouvrages à corne.

ARTICLE VIII.

Des Remparts, & des Parapets des Dehors.

LEs remparts, & les parapets des dehors doivent être de la même épaisseur que ceux de la place, & je ne vois pas quelle raison le Chevalier de Ville pouvoit avoir, de ne donner que douze pieds d'épaisseur pour le plus, aux parapets de ses dehors. Il auroit pû diminuer quelque toise de la largeur des remparts, & alléguer qu'on se sert rarement de gros canon dans les piéces détachées: mais il ne pouvoit pas donner de bonnes raisons pour autoriser cette diminution des parapets. Ils doivent toûjours être assez forts pour résister au canon, & il n'est pas moins nécessaire de couvrir les Soldats qui défendent les dehors, que ceux qui gardent le corps de la place. On ne doit point même diminuer la largeur du rempart, on est assez embarassé à placer la terre qu'on tire du fossé, & rien n'empêche de tenir de gros canon dans les dehors pour incommoder l'ennemi dans ses travaux, on les retire bien quand on juge qu'il en est temps.

La hauteur du rempart des dehors sera environ la moitié de celle du rempart de la place, afin que ce dernier commande par tout, & que le premier soit néanmoins assez élevé, pour n'obliger point à baisser beaucoup ses flancs au dessous de la campagne.

ARTICLE IX.

Du Fossé des Dehors.

LE fossé des dehors doit être large de dix ou de douze toises, une plus grande largeur ne seroit défectueuse que par la dépense qu'elle causeroit. Dans les ouvrages à corne ou à couronne, il faut prendre garde que l'angle rentrant de la contrescarpe ne cache aux flancs des demi-bastions une partie des faces, ce qui arriveroit dans les fossez étroits, si on ne se servoit de la seconde construction, dont j'ai déja parlé dans l'Article du fossé de la place. On peut tenir le fossé des dehors moins creux que celui de la ville, pourvû qu'il n'en soit point séparé, par le chemin couvert, ni par l'esplanade, comme j'en ai vû dans quelques desseins (*V. fig.* 11. *pl.* 6.) Je ne sçais pas quelles vûës avoient les auteurs de ces desseins; mais telle qu'elle soit, elle ne peut pas autoriser les defauts que cause cette séparation. Le pied de l'esplanade qui n'est point flanqué, sert d'épaulement à l'ennemi, qui peut ainsi, sans rien craindre, s'attacher à l'extrémité de l'aîle, ou de la face du dehors.

Quand les fossez des dehors sont moins profonds que celui de la place, leurs extrémitez doivent aller tellement en glacis, que cette différence de profondeur n'empêche point la communication de l'un aux autres.

Dans le chemin couvert, & dans l'esplanade des dehors, il faut se servir des mêmes mesures que j'ai marquées pour le chemin couvert & pour l'esplanade de la ville.

Article X.

Des Ponts & des Voutes de communication.

IL n'est point nécessaire qu'il y ait des ponts pour passer dans les dehors, lors que ces piéces ne couvrent pas quelques-unes des portes de la ville. On peut décendre dans le fossé par la poterne, & monter dans le dehors par des rampes pratiquées dans l'angle rentrant de ses gorges. Mais je voudrois qu'il y eût toûjours outre cela une voute de communication, qui commençât dans le terre-plein du coffre ou de la courtine basse, & qui passât dans le dehors par dessous le fossé; autrement l'ennemi pourroit empêcher d'aller dans le dehors, s'il mettoit deux batteries sur les deux pointes de la contrescarpe qui regardent l'angle rentrant.

Les ponts ne sont propres qu'aux endroits où il y a des portes; car en temps de Siége on les a bien-tôt rendus inutiles, quelque bas qu'ils puissent être.

Voilà à peu prés en quoi consiste toute ma méthode, qui n'est qu'un ouvrage de piéces de rapport, dans lequel il n'y a presque rien de particulier que le choix de ces piéces, & quelques petits coups que je leur ai donné. Je crois avoir assez bien justifié ce choix pour ce qui regarde l'augmentation de la force, ce, & il ne me ſeroit pas plus difficile de le juſtifier du côté de la dépenſe, en prouvant dans le devis que je la diminuë bien loin de la rendre plus conſidérable, ce qui eſt un grand point en ce ſiécle, où beaucoup de gens qui paſſent pour habiles, diſent que les places ſont aſſez fortes quand toutes leurs parties ſont paſſablement bien flanquées, & qu'on doit moins s'étudier à en augmenter la force qu'à en diminuer les frais. Cette erreur ne m'entrera jamais dans l'eſprit, il ſuffit, ce me ſemble, d'empêcher que le Prince ne ſoit trompé par ſes Entrepreneurs, ſans lui faire bâtir de mauvaiſes places ſous prétexte d'œconomie. C'eſt le métier d'un Ingénieur de fortifier autant bien qu'il eſt poſſible, & non pas de chercher à épargner plus qu'il ne peut faire en fortifiant bien. Je me ſuis néanmoins laiſſé aller au torrent; car ſi j'euſſe ſuivi mon penchant, je n'aurois point donné d'autres deſſeins que ceux qui ſe trouveront à la fin de ce Traité, & qui ſont ſans doute meilleurs que ceux-ci; mais on n'eût pas manqué de ſe récrier ſur la dépenſe, & ſur la diminution des places. J'ai évité ces reproches, en donnant d'abord une méthode que je crois auſſi bonne qu'aucune autre qui ait paru, & qui cependant diminuë les frais de la fortification: au moins il ſera libre de choiſir ſuivant le penchant que l'on aura à une profuſion utile, ou à une épargne qui n'empêche pas que mes places ne ſoient plus fortes que celles où l'on croit n'avoir rien ménagé.

CHAPITRE III.

CONSTRUCTION DU CORPS de la Place, & des Dehors tant pour la grande que pour la moyenne & pour la petite fortification.

IL y a peu d'Auteurs qui ne se soient fait un capital d'épargner à ceux qui voudroient suivre leurs méthodes, tous ces calculs ennuyeux qu'un Ingénieur ne peut éviter, quand il veut sçavoir au juste la grandeur des parties de sa fortification. Pour cet effet les uns ont donné des tables, par le moyen desquelles on connoît la longueur des lignes qui servent à la construction de tous les polygônes dont les côtez n'auront qu'un certain nombre de toises, sur lequel ces tables ont été calculées : Les autres pour faciliter encore davantage la pratique de leurs méthodes, ont proportionné toutes les parties du poligône fortifié à la longueur de son côté. Ce dernier expédient me paroît pernicieux, en ce que les jeunes gens qui goûtent beaucoup ces maniéres aisées & cavaliéres, se font une habitude de juger cavaliérement de la force & de la bonté d'une place par les proportions des flancs & des demi-gorges au côté, & n'examinant point

point si ces flancs sont assez grands, ni si ces demi-gorges sont assez amples, ils estimeront plus un quarré, dont les flancs hauts de six toises seront proportionnez à son côté selon la méthode de leurs Auteurs, qu'un autre dont les flancs longs de quinze toises seront élevez sur un côté avec lequel ils n'auront pas la proportion que ces Auteurs leur prescrivent. Les premiers travaillent avec plus de connoissance, mais ils ne donnent pas une facilité si universelle, puis qu'il faudra calculer de nouvelles tables, toutes les fois qu'on sera obligé de fortifier des côtez plus petits ou plus grands que ceux qui ont été le fondement de leur calcul. La seule chose que j'approuve dans leurs méthodes, j'entends pour la maniére de tracer, c'est la nécessité de se servir d'échelles, qui contraint, pour ainsi dire, d'apprendre en travaillant, qu'un bon flanc doit avoir tant de toises. Cette utilité que j'ai conçûë qu'on devoit tirer des méthodes qui ne peuvent être pratiquées sans échelles, m'a confirmé dans la résolution que j'avois prise de ne m'assujettir point à proportionner les parties de ma fortification aux côtez du poligône, & j'ai toûjours trop peu estimé les méthodes cavaliéres pour m'attacher à en donner une qui leur fût tout à fait conforme. Je sçais qu'outre cette habitude pernicieuse que j'ai déja dit qu'elles donnoient à ceux qui les suivent, elles leur font encore commettre beaucoup de fautes, & négliger plusieurs avantages en leur épargnant un peu d'application, & j'ai crû qu'il suffisoit

suffisoit qu'on pût executer la mienne sur le papier avec la régle & le compas, sans avoir besoin de recourir au calcul ni de changer de pratique pour s'en servir sur le terrain. Au reste je n'ai pas jugé à propos de me rompre la tête à chercher de nouveaux termes pour définir les parties d'une place fortifiée, ni pour enseigner les problêmes qui viennent en usage dans la fortification : nous avons assez d'autres Auteurs qui ont pris ce soin-là, & même avec une exactitude que j'aurois peut-être eu de la peine à imiter, bien loin de pouvoir faire mieux : D'ailleurs il y a trés-peu de gens qui lisent les traitez de fortification, sans avoir appris d'un Maître ces définitions & ces problêmes.

ARTICLE I.

Construction de la grande Fortification.

DANS LE QUARRÉ, donnez au côté cent trente toises de longueur AA, fig. 1. pl. 7. aux demi-gorges vingt-cinq AB, & le compas ouvert de la grandeur de la ligne ponctuée BCB, qui est la diagonale de deux côtez, de chacun desquels on a retranché vingt-cinq toises sur l'extrémité opposée à l'angle qu'ils forment ensemble, décrivez deux arcs au dessus de l'angle de la figure, vous servant alternativement des points B, comme de centre ; puis tirez des lignes du point d'intersection de ces arcs D aux points qui ont servi de centre B, ausquels

ausquels points B élevez les flancs BE perpendiculaires sur les lignes de défense BD, qui leur sont opposées.

Je ne donnerai la construction des autres parties, comme des orillons, des fossez, du rempart, &c. qu'aprés avoir donné celle du premier trait pour toutes sortes de figures & de grandeurs. J'appelle premier trait, le simple dessein des faces, des flancs & des courtines, qui régle celui de tout le reste de la fortification.

DANS LE PENTAGÔNE, donnez cent quarante toises au côté AA, fig. 2. pl. 7. la cinquiéme partie à la demi-gorge AB: Elevez à l'extrémité de la demi-gorge B, une ligne perpendiculaire sur la courtine, haute de vingt-quatre toises BC. Aprés marquez trois toises sur la courtine de B en D, & menez le flanc du point D à l'extrémité de la perpendiculaire C, afin qu'il forme un angle obtus avec la courtine. Ensuite tirez les faces du point E, qui est à douze toises du flanc opposé, par l'extrémité du flanc C.

DANS L'HEXAGÔNE, donnez cent cinquante toises au côté AA, figure 3. planche 7. vingt-huit toises aux demi-gorges AB, la sixiéme partie du côté à la ligne perpendiculaire BC, qui sert à former le flanc; donnez à vôtre flanc trois toises d'inclinaison sur la courtine, comme dans le pentagône, & tirez les faces du point E qui est éloigné du flanc opposé de la moitié de la demi-gorge.

DANS

DANS L'EPTAGÔNE, donnez cent cinquante toises au côté A A, la cinquiéme partie du côté aux demi-gorges A B, figure 4. planche 7. la sixiéme à la ligne perpendiculaire sur la courtine qui sert à former les flancs B C. En suite ayant donné à vos flancs les trois toises d'inclinaison, vous tirerez une ligne de l'extrémité d'un flanc à l'autre du même bastion C C, sur le milieu de laquelle E, vous éléverez une perpendiculaire E F, à laquelle vous donnerez de hauteur la moitié de la ligne CC, & du point F vous ménerez les faces aux extrémitez des flancs C C.

Ces mêmes proportions, & cette même construction serviront dans toutes les figures de plus de sept côtez, & même au bastion construit sur la ligne droite, observant ce que j'ai dit au Chapitre des demi-gorges, qu'il faloit en augmenter la grandeur dans tous les poligônes de plus de huit côtez, en leur donnant un pied plus que la cinquiéme partie du côté, autant de fois que l'angle de la circonférence du poligône avoit de degrez au dessus de cent trente-cinq. Pour faire comprendre ceci je me servirai de l'exemple du décagône; l'angle de la circonférence de cette figure est ouvert de cent quarante-quatre degrez, ce sont neuf degrez au dessus de cent trente-cinq. Ainsi supposé que le côté du décagône fut de cent cinquante toises, la cinquiéme partie de ce côté seroit trente toises, ausquelles il faut ajoûter neuf pieds à cause

cause des neuf degrez pour avoir la grandeur des demi-gorges.

Lors qu'un Prince veut faire bâtir une place neuve, ou en augmenter une vieille sans s'assujettir ni aux maisons ni aux anciennes murailles, s'il n'a pas de fortes raisons de ménager sa bourse, il est certain qu'il doit se servir de la grande fortification préférablement à toute autre, parce qu'elle enferme plus de terrain, & que tirant plus de feu de sa courtine, & de ses flancs, elle doit par consequent causer plus de dommage à ses ennemis s'ils entreprennent de s'en rendre Maîtres. Mais s'il croit devoir épargner autant qu'il lui sera possible sans rendre sa place mauvaise, il pourra avoir recours à la moyenne fortification qui coûte beaucoup moins que la grande, qui n'a pas moins de canons dans ses flancs, mais qui n'enferme pas tant de terrain, & qui ne tire pas tant de feu de sa courtine.

ARTICLE II.

Construction de la moyenne Fortification.

DANS LE QUARRÉ, donnez 120. toises au côté AA, fig. 5. pl. 7. la sixiéme partie du côté aux demi-gorges AB: du reste construisez-le comme celui de la grande fortification.

DANS LE PENTAGÔNE, donnez au côté 130. toises AA fig. 6. pl. 7. vingt cinq aux

aux demi-gorges AB, vingt-quatre à la ligne perpendiculaire sur la courtine BC, & ayant donné trois toises d'inclinaison au flanc, comme dans la grande fortification, vous tirerez vos faces du point D, qui est à dix toises du point B opposé.

Dans l'hexagône, donnez 130. toises au côté AA, figure 7. planche 7. la cinquiéme partie du côté aux demi-gorges AB, vingt-quatre toises à la ligne perpendiculaire sur la courtine BC, & la moitié de la demi-gorge au feu de la courtine BD.

Dans l'eptagône, donnez 130. toises au côté AA, fig. 8. planche 7. la cinquiéme partie du côté aux demi-gorges AB, vingt-quatre toises à la ligne perpendiculaire sur la courtine BC, & quinze toises au feu de la courtine BD.

Dans l'octogône, & dans toutes les figures qui ont plus de huit côtez avec la même grandeur de côté, de demi-gorge, & de flanc, cent trente, vingt-six, & vingt-quatre toises, vous construirez les bastions comme celui de l'eptagône de la grande fortification, & vous observerez aussi l'augmentation des demi-gorges.

ARTICLE III.

Construction de la petite Fortification.

DU QUARRE' donnez 110. toises au côté AA, fig. 1. pl. 9. vingt toises à la demi gorge AB, & du reste construisez-le comme celui de la grande fortification.

DANS LE PENTAGÔNE, donnez 110. toises au côté AA, pl. 9. fig. 2. la cinquiéme partie du côté aux demi-gorges AB, vingt-quatre toises à la perpendiculaire BC, & trois toises d'inclinaison au flanc : la défense est razante.

Si malgré les raisons que j'ai alléguées en parlant du côté, on vouloit se servir de la petite fortification dans les figures qui ont plus de cinq côtez, il faudroit toûjours conserver au flanc la même longueur de vingt-quatre toises, & commencer dés l'eptagône à augmenter la grandeur des demi-gorges, non plus à cause des retranchemens, mais parce que les faces des bastions deviendroient trop petites pour bien défendre les dehors, l'ennéagône seroit la premiére figure dont l'on feroit l'angle flanqué droit ; & si l'on m'en vouloit croire, on ne songeroit jamais à mettre ces petits poligônes en usage dans les fortifications réguliéres.

ARTI-

ARTICLE IV.

De l'Orillon.

MARQUEZ sept toises sur le premier trait du flanc, depuis l'angle de l'épaule C jusques en D, figure 3. planche 9. & sur la face du bastion opposé, depuis la pointe de l'angle flanqué, jusques en E, quatre toises dans le quarré, trois dans le pentagône, & deux & demie dans toutes les autres figures. Ensuite tirez une ligne du point E par le point D; sur laquelle vous porterez une toise en dehors du bastion de D en F; puis supposant une ligne de C en F. fig. 7. pl. 9. élevez une perpendiculaire indéfinie sur le milieu de cette ligne en dedans du bastion, & de l'angle de l'épaule C baissez une ligne perpendiculaire à la face du bastion, jusqu'à la perpendiculaire tirée sur la ligne CF; le point d'intersection O sera le centre de l'arondissement de l'orillon, que vous décrirez; le compas restant toûjours dans l'ouverture de la ligne tirée de l'angle de l'épaule C en O. La ligne que vous avez tirée du point E par le point D. fig. 3. formera le revers, dont la longueur sera déterminée par la construction du flanc haut.

ARTI-

ARTICLE V.

De la Place Basse.

DANS le quarré de la grande fortification portez une toise sur le revers de l'orillon en dedans du bastion A fig. 4. pl. 9. & une toise aussi sur le prolongé de la ligne de défense B; aprés quoi tirez le flanc bas en ligne droite du point A au point B.

Dans les quarrez de la moyenne, & de la petite fortification, il ne faut point faire rentrer le flanc bas en dedans du bastion, mais seulement des points A & B, fig. 4. pl. 9. &c. comme au quarré de la grande fortification.

Dans le pentagône de la grande fortification, & dans tous les poligônes de la moyenne, & de la petite vous marquerez une toise sur le revers en dedans du bastion au point G figure 3. planche 9 & vous ménerez le flanc bas du point G au point H, ce dernier est le point de rencontre du premier trait du flanc avec la courtine.

Dans tous les poligônes de la grande fortification qui ont plus de cinq côtez, portez une toise sur le revers en dedans du bastion au point G fig. 5. pl. 9. & le compas ouvert de la distance GH: ce dernier point est celui où le premier trait du flanc joint la courtine des centres GH. Décrivez deux arcs vers le fossé, le point d'intersection de ces arcs vous servira de centre pour tracer le flanc bas dans la même ouverture de compas.

ARTI-

ARTICLE VI.

Du Prolongé de la ligne de défense.

DANS les quarrez, & dans la plûpart des poligônes de la petite fortification, vous prolongerez la ligne de défense comme en la fig. 4. pl. 9. Dans les autres poligônes de la grande & de la moyenne, vous tirerez une ligne de l'angle de l'épaule opposé I, fig. 3. pl. 9. par le point K, sur lequel vous avez élevé la perpendiculaire qui vous a servi à former le premier trait des flancs.

ARTICLE VII.

Du Flanc haut.

DANS les figures dont j'ai dit que le flanc bas devoit être plat, portez huit toises sur le revers en dedans du bastion, depuis l'endroit où le flanc bas joint le revers G jusques en L fig. 3. & 4. pl. 9. & marquez aussi huit toises depuis le point où la courtine joint le flanc bas H, jusques en M qui est sur le prolongé de la ligne de défense, ou sur la ligne qui tient lieu de ce prolongé; ensuite le compas ouvert de la distance L M, des centres L M, faites deux arcs vers le fossé, & servez-vous du point où ils s'entrecouperont P comme de centre pour décrire le flanc haut, le compas restant toûjours ouvert de la distance L M, & prolongez ce flanc

flanc de douze ou de quinze toises au delà du prolongé de la ligne de défense vers le centre de la place.

Dans les poligônes dont le flanc bas est concave, du point N, fig. 5. pl. 9. qui a servi de centre pour décrire ce flanc bas, vous tirerez une ligne par quelque endroit de ce flanc, sur laquelle vous porterez dix toises depuis le point où elle coupera le flanc bas jusques en O, qui est en dedans du bastion, & du centre N, le compas ouvert de la distance NO, vous décrirez le flanc haut qui sera terminé par le revers de l'orillon, & par la ligne qui tient lieu du prolongé de la ligne de défense. Pour prolonger ce flanc vous ouvrirez le compas de la distance du point P, qui est celui où ce flanc joint le revers au point Q, où le même flanc joint le prolongé de la ligne de défense & de ces deux centres, vous décrirez deux arcs vers le fossé, pour du point de leur intersection R tracer l'arc de ce prolongement long de douze ou de quinze toises. S'il n'y avoit point de dehors, vous vous serviriez du premier centre.

ARTICLE VIII.

De la fausse-braye ou courtine basse.

DANS tous les poligônes dont les bastions seront retranchez par une tenaille, marquez sept toises sur les perpendiculaires qui ont servi à former le premier trait des flancs depuis le point où elles joignent

gnent la courtine, jusques en S fig. 6. pl. 9. tirez la courtine basse du point S de l'une de ces perpendiculaires, au même point de l'autre qui tombe sur la même courtine. Mais dans les figures dont les bastions seront retranchez par un bastion double, comme dans les quarrez & dans tous les poligônes de la petite fortification, le premier trait de la courtine sera la courtine basse, & vous marquerez en dedans de la place la courtine haute, par une ligne paralelle à ce premier trait, & qui en sera éloignée de sept toises.

Article IX.

Des Remparts.

Menez les remparts larges de huit toises, paralelles aux faces des bastions & aux courtines, ne donnez que 7. toises de largeur au terre plein du flanc bas, donnez en neuf au rempart du flanc haut, & huit au prolongement du même flanc. Quand le bastion sera double, ne donnez que six toises de largeur au terre-plein de chaque flanc, & sept à celui des faces.

Article X.

Des Parapets.

Menez les parapets paralelles à tous les endroits qui en ont besoin, larges de 20. pieds dans les flancs & de trois toises par tout ailleurs, prolongez celui de la courtine

courtine haute comme en A fig. 6. pl. 9. & du point A tirez une ligne ſur le prolongé du flanc à trois toiſes de l'endroit où il joint celui de la ligne de défenſe, vous décrirez les parapets paralelles aux flancs, comme vous avez fait les remparts.

ARTICLE XI.

Des Embrazures.

DIVISEZ en cinq parties les flancs retirez qui ſont longs de dix-ſept ou de dix-huit toiſes, & en quatre parties ceux qui ne ſont longs que de quinze toiſes; tirez par les points des diviſions des lignes paralelles au revers de l'orillon, comme la marquée CD, figure 7. pl. 9. & portez ſur le flanc trois pieds de chaque côté de ces lignes comme ECE, & un pied & demi auſſi de chaque côté de ces lignes ſur le trait qui marque l'épaiſſeur du parapet, comme FDF; puis tirez les grands côtez de l'embrazure des points EE en D, & les petits des points FF paralelles à celui des grands qui leur eſt oppoſé.

ARTICLE XII.

Du Retranchement du Baſtion.

DANS les quarrez & dans tous les poligônes de la petite fortification, on formera le retranchement par une levée

vée de terre large seulement de quatre toises, paralelle au rempart des faces, éloignée de seize toises au moins de leur muraille, & terminée par le flanc haut. (*V. pl. 3. fig. 5. & 6. fig. 1. & 2.*)

Dans toutes les autres figures de la grande & de la moyenne fortification portez huit toises sur les faces des bastions depuis l'angle de l'épaule B fig. 6. pl. 9. jusques en C, tirez une ligne du point C de l'une des faces au point C de l'autre face du même bastion, du milieu de cette ligne D baissez une perpendiculaire vers le centre de la place, marquez dix-huit toises sur cette perpendiculaire dans la grande fortification, & seize dans la moyenne, tirez des lignes des points C C marquez sur les faces, par l'extrémité de cette perpendiculaire E, elles marqueront les faces du retranchement, dont les flancs seront formez par les remparts des flancs hauts, & vous tirerez la courtine de F en F, qui sont les points de rencontre de ces flancs, avec le prolongé des lignes qui marquent les faces.

ARTICLE XIII.

Du Fossé.

SElon la premiere méthode, que le trait de la contrescarpe soit paralelle à la ligne qui va de la pointe du bastion G fig. 6. pl. 9. au pied du flanc qui lui est opposé H, & qu'elle en soit éloignée de seize toises, ou tout au plus de la longueur du flanc retiré.

Selon la seconde méthode, tirez des lignes de la pointe des bastions G fig. 6. pl. 9. aux angles de l'épaule opposez, ou tout au moins aux extrémitez de l'orillon N; achevez de tracer le fossé par des lignes paralelles aux faces, qu'elles en soient éloignées de seize toises, & qu'elles soient prolongées jusqu'à la rencontre des premiéres.

Pour l'arondissement de la pointe de la contrescarpe, ouvrez le compas de seize toises, & servez-vous de la pointe du bastion comme de centre, pour décrire un arc qui joigne les deux lignes de la contrescarpe.

ARTICLE XIV.

Du Coffre.

MENEZ le coffre de l'angle du revers d'un orillon N fig. 6. pl. 9. au même angle de l'orillon du bastion opposé N.

ARTICLE XV.

Du Chemin couvert.

QUe le chemin couvert soit paralelle au trait de la contrescarpe & large de six toises.

ARTICLE XVI.

Des Angles saillans du chemin couvert.

DU point où les lignes du chemin couvert du fossé de la place font angle avec celles du chemin couvert du fossé de la demi-lune ou autres dehors, ou bien lors qu'il n'y a point de dehors de l'angle rentrant du chemin couvert, portez sur ces lignez dix toises de chaque côté de l'angle opposé O P O, fig. 6. pl. 9. & le compas ouvert de douze toises des centres OO. Décrivés deux arcs vers la campagne pour tirer les faces de l'angle saillant du point d'intersection de ces arcs Q aux points O O. Pour le petit parapet qui sépare l'angle saillant du reste du chemin couvert, des points O O R R, baissés des perpendiculaires vers le fossé au devant desquelles vous marquerés le parapet large de trois toises, faites entrer le parapet de quatre pieds dans l'esplanade, & laissés un petit chemin large de trois pieds entre l'esplanade & le parapet.

ARTICLE XVII.

De l'Esplanade.

MEnez l'esplanade paralelle au chemin couvert & à ses angles saillans larges de seize ou de vingt toises.

ARTI-

ARTICLE XVIII.

Du Double Glacis.

LE double glacis est paralelle à l'esplanade, & vous pouvez l'en éloigner de 16. ou de 20. toises, c'est à dire de la ligne qui marque la largeur du chemin couvert.

ARTICLE XIX.

Des Demi-lunes.

MARQUEZ huit toises sur les faces des bastions depuis l'angle de l'épaule A jusques en B, fig. 1. pl. 6. & tirez une ligne du point B d'un bastion au même point du bastion opposé, divisez cette ligne en huit parties, ouvrez le compas de la grandeur de sept de ces parties, & des centres BB. Faites deux arcs vers la campagne du point d'intersection de ces arcs C, vous tirerez les faces de vôtre demilune aux points B B, & les lignes de la contrescarpe formeront les demi-gorges de la demi-lune.

ARTICLE XX.

Du Retranchement ou petite Demi-lune intérieure.

MARQUEZ dix toises sur la courtine basse depuis l'endroit où elle coupe le premier trait du flanc D, fig. 1. pl. 6. jusques en E, & le compas ouvert de la distance EE qui est la longueur de la courtine basse moins vingt toises, des centres EE, faites deux arcs, & du point de leur intersection F, tirez les faces de la petite demi-lune aux points EE. Dans les poligônes de la petite fortification il ne faut porter que cinq toises sur la courtine basse.

ARTICLE XXI.

Des Contre-gardes.

DANS toute autre figure que dans les quarrez on peut en excepter encore les pentagônes, si le fossé de la place est tracé selon la premiére méthode, vous menerez les contre-gardes paralelles à la contrescarpe, & larges de seize toises; aprés ayant formé une espéce de flanc par le prolongement du fossé de la demi-lune, comme GH, fig. 1. pl. 6. vous marquerez trois toises & demie sur ce flanc, depuis la contrescarpe de la place G jusques en I, & prenant la grandeur IH, vous la porterez sur la face de de la contre-garde de H en L : ensuite vous tirerez les flancs du point L au point I. Pour former l'orillon marquez six toises sur ce dernier flanc depuis l'angle de l'épaule L jusques en M. Ensuite tirez une ligne du point N, qui est à trois toises de l'angle flanqué de la demi-lune par le point M. Sur cette ligne qui est le revers de l'orillon, marquez quatre toises en O, & du point O menez le flanc retiré au point I.

Si vous avez suivi la seconde méthode en traçant le fossé, vous ne laisserez pas de former vos contre-gardes comme celles-ci, imaginant la contrescarpe tracée selon la première méthode, & vous ne changerez rien dans la construction des flancs, ni dans celle de l'orillon.

Dans la petite fortification vous ne donnerez que dix toises de largeur aux contre-gardes.

Dans les quarrez, & si vous voulez dans les pentagônes, ayant tracé le fossé de la demi-lune, marquez quatorze toises sur la contrescarpe depuis l'endroit où elle joint celle de la place P en Q, fig. 1. pl. 6. Aprés élevez une perpendiculaire sur la contrescarpe de la place à seize toises de son angle saillant en R, portez huit toises sur cette perpendiculaire en S, & tirez les faces de la contre-garde de Q en S ; vous formerez le flanc & le reste comme dans les précedentes.

ARTICLE XXII.

Des Demi-lunes tenaillées.

ORdinairement on les construit ainsi. Aprés avoir tracé la demi-lune à angle droit avec son fossé, on prolonge ses faces, & on porte sur ce prolongé, depuis l'endroit où il coupe le fossé A fig. 9 planche 6. jusques en B, vingt-cinq ou trente toises; ensuite on marque 8 ou 10 toises sur la contrescarpe de la place depuis l'endroit où elle joint celle de la demi-lune C jusques en D. Enfin on tire l'aîle de la tenaille de B, en D, le fossé est paralelle au front & à l'aîle de la tenaille, & il seroit bon de couper celui du front par une ligne qui partiroit de la pointe de l'angle flanqué d'un côté de la tenaille, & qui donneroit au milieu de la face de l'autre côté, afin qu'une partie de ces faces pût découvrir & flanquer celle qui lui seroit opposée.

ARTICLE XXIII.

Des Demi-lunes accornées.

AYant tracé la demi-lune, comme je l'ai enseigné au premier Article de cette construction des dehors, menez une ligne paralelle à la courtine de la place touchant l'extrémité de l'angle flanqué de cette demi-lune, portez sur cette ligne de chaque

côté

côté de l'angle flanqué de la demi-lune le quart de la longueur de la courtine de la place : par exemple, dans la grande fortification où la courtine est longue de 90. toises, le quart est vingt-deux & demie, qu'il faut porter de chaque côté en A A fig. 2. pl. 6. élevez sur les points A A des perpendiculaires hautes de vingt & une toises. Des points C C, qui sont à quatre toises de A, tirez les faces des demi-bastions par l'extrémité des perpendiculaires B. Donnez trente ou trente-cinq toises de longueur aux faces de B en D, & tirez les aîles du point D au point où les faces de la demi-lune donnent, sur celles des bastions de la place. Vous tirerez les flancs de B par C jusqu'à la contrescarpe du fossé de la demi-lune. La construction de l'orillon de ces ouvrages ni celle de ses flancs retirez ne différe en rien de celle de l'orillon & des flancs retirez de la grande fortification. La pointe E doit être coupée en portant quatre toises sur les lignes qui la forment, sçavoir la contrescarpe de la demi-lune, & l'aîle de la corne & en tirant une ligne de l'une à l'autre.

Si vous mettez une demi-lune au devant des cornes, ayant marqué deux toises sur les faces des demi-bastions, de l'angle de l'épaule en F, vous formerez la demi-lune, ou par un triangle équilateral, ou par la même voye que j'ai donnée pour construire celles que l'on met au devant des courtines de la place.

ARTICLE XXIV.

De l'Ouvrage à corne à la pointe du bastion.

PRolongez de quatre-vingt six ou de quatre-vingt dix toises la ligne capitale du bastion, depuis la pointe de l'angle flanqué A jusques en B fig. 3. pl. 6. au point B. Tirez de part & d'autre des lignes perpendiculaires à cette capitale, hautes de vingt-six toises de B en C C. Elevez des perpendiculaires hautes de seize toises aux points C C par l'extrémité de ces perpendiculaires D D, tirez les faces des demi-bastions des points C C longues de vingt-cinq ou de trente toises de D en E. Ensuite le compas ouvert à discretion du centre E, faites un arc sur lequel portez l'ouverture du compas depuis l'endroit où cet arc joint la face jusques en F, & tirez leurs aîles de E par F.

ARTICLE XXV.

De l'ouvrage à corne flanqué sur les aîles.

SI vous voulez le construire au devant d'une courtine, élevez sur le milieu de cette courtine A fig. 1. pl. 8. une perpendiculaire haute de trois cens toises de A en B. Vous pouvez augmenter ou diminuer la hauteur de cette ligne selon que vous aurez besoin d'avancer vôtre ouvrage. Au point B tirez de part & d'autre des perpendiculaires longues

longues chacune de cinquante-cinq ou de soixante, ou même de soixante-cinq toises de B en C C. Des extrémitez de ces derniéres C C, vous en baisserez d'autres vers la place aussi longues que toute la ligne C C; & tirant une ligne de l'extrémité de l'une de ces derniéres à l'extrémité de l'autre, vous aurez un quarré égal à celui de la petite ou de la moyenne, ou de la grande fortification, sur lequel vous formerez vos bastions, comme je l'ai enseigné dans la construction de cette figure. Ne tracez point la tenaille qui regarde la place, mais tirez les aîles de l'ouvrage ou de l'extrémité des flancs E à huit toises de l'angle de l'épaule des bastions de la place, ou menez-les au même endroit de l'extrémité des faces F. Vous pouvez même, s'il est nécessaire, prolonger les faces E F jusqu'à ce que la ligne de défense ait cent cinquante toises.

Si vous voulez placer cet ouvrage à la pointe d'un bastion, prolongez la capitale de cent soixante toises ou plus, & formés un quarré comme dans l'opération précedente. Mais au lieu de tirer les faces F fig. 4. pl. 6. du pied du flanc opposé, tirés-les du milieu ou des deux tiers de la courtine O, menés les aîles du milieu ou de l'extrémité des faces H au point I, qui est à 12 toises de la pointe du bastion sur lequel cet ouvrage est construit.

Si ce n'étoit pas une nécessité de donner un grand front à vôtre ouvrage, vous pourriés épargner beaucoup en vous servant de la construction suivante.

Portés vingt toises de chaque côté du point B fig. 2. planche 8. sur les lignes B C C : ce sont les mêmes que ci-dessus. Au point D, où vous aurez marqué les vingt toises, élevés des perpendiculaires de vingt & une toises, & de D par l'extrémité des perpendiculaires E, tirez des lignes longues de trente toises de E en F, du point F, baissés vers la place des lignes paralelles à A B, portés vingt-cinq ou trente toises sur ces lignes depuis l'endroit où elles sont coupées par les lignes B C C, comme depuis G jusques en H; du centre H, le compas ouvert de vingt & une toises, décrivez un demi-cercle, & ayant marqué 150. toises ou moins sur les paralelles à A B, de F en I, du point I tirés une ligne touchante ce demi-cercle, sur laquelle de H centre du demi-cercle vous baisserés une ligne qui forme avec elle un angle environ de 100. degrés. A l'autre extrémité de cette ligne I élevez-en une autre de vingt-deux toises : formant aussi avec elle un angle de cent degrés I L, tirez une ligne du pied du flanc opposé M en N longue de 150. toises ou moins, & menés les aîles de N à l'endroit où doit commencer leur défense.

Pour donner aux flancs du front l'inclinaison qu'ils doivent avoir; en construisant les flancs retirés, marqués sur le revers de l'orillon deux toises & demie plus que sur le prolongé de la ligne de défense. Si vous ne faisiés point d'orillon, il faudroit laisser ces flancs perpendiculaires à la courtine, parce qu'elle est fort courte.

Arti-

ARTICLE XXVI.

De l'Ouvrage à corne simple au devant d'une courtine.

PRolongés le côté de la place de dix toises de part & d'autre A B fig. 5. pl. 6. & sur l'extrémité de ce prolongé B B élevés des perpendiculaires sur lesquelles du point C qui est sur les faces à huit toises de l'angle de l'épaule, vous marquerés 150. toises en D. Des points D tirés les aîles de l'ouvrage en C, ensuite des centres D, le compas ouvert de 50. toises dans la grande fortification, de 45. dans la moyenne, & de 40. dans la petite : décrivez des arcs sur lesquels vous porterez leurs demi-diametres depuis les points où ils coupent les aîles E jusques en F, tirez les lignes de défense du front de l'ouvrage, de D par F : le point F marque la longueur des faces : & pour les flancs, marquez sur l'extrémité des lignes de défense, du point de leur rencontre G jusques en H, un espace moins grand de quatre toises que G F, & tirez les courtines de H en H. Si vous n'avez pas besoin d'élargir le front de vôtre ouvrage, vous pourrez le construire comme le petit ouvrage à corne flanqué sur les aîles, ne donnant à la ligne B. D, que l'élevation que vous jugerez nécessaire, tirez du point F fig. 2. pl. 8. les aîles de l'ouvrage qui donneront au point C sur les faces des bastions de la place.

ARTI-

ARTICLE XXVII.

De l'Ouvrage à couronne à la pointe du bastion.

PRolongez de 152. toises la capitale, depuis la pointe de l'angle flanqué A jusques en B, fig. 3. pl. 8. tirez de part & d'autre des perpendiculaires indéfinies, & du centre B le compas ouvert à discretion, décrivez vers la place un demi-cercle dont les perpendiculaires soient le diametre. Divisez par la moitié les deux quarts de cercle qui se trouvent entre ces perpendiculaires, & entre la capitale prolongée, & du point B tirez des lignes par le point du milieu de ces arcs C, elles formeront ensemble un angle droit, portez 20. toises sur ces lignes de part & d'autre de B en D, sur le point D élevez des perpendiculaires de 24. ou de 21. toises, de l'extrémité de ces perpendiculaires E E le compas ouvert de la distance E E, faites deux arcs vers la campagne, & du point où ils s'entrecouperont F, tirez des lignes par les points E E, jusqu'à celles qui representent les côtez de l'ouvrage : au point où elles se rencontreront G, élevez des lignes de la même hauteur H, & de la même inclinaison sur la courtine que les lignes DE. Des points D tirez des lignes par H, portez sur ces lignes 45. toises de H en I, & du point I tirez les aîles de l'ouvrage en L L, qui sont sur les faces du bastion de la place à 12. ou à 15. toises de l'angle flanqué.

ARTI-

ARTICLE XXVIII.

De l'Ouvrage à couronne couvrant deux courtines.

PRolongez de 135. ou de 140. toises la capitale du bastion qui est au milieu des deux courtines que vous voulez couvrir. A son extrémité B fig. 4. pl. 8. tirez les côtez de l'ouvrage, formant avec elle le même angle que ceux de la place, faites les demi-gorges, les flancs, & le feu de la courtine de la même grandeur qu'au corps de la place, & ayant porté sur les faces des demi-bastions la longueur de celle du bastion du milieu en D, menez les aîles de D en E, qui est à huit toises de l'angle de l'épaule sur les faces des bastions de la place.

ARTICLE XXIX.

Des Batteries retirées sur les faces des bastions pour la défense des dehors.

MArquez 12 toises sur la face du bastion qui défend le dehors depuis l'endroit où commence la défense du dehors C fig. 6. pl. 9. jusques en S, & du point T qui est à 4. toises de la pointe de l'angle flanqué du dehors, tirez une ligne par S, sur laquelle vous porterez 7. toises en dedans du bastion de S en V, & autant sur la face du retranchement du bastion ou sur le prolongé de de l'aîle ou de la face du dehors en X, puis tirez le flanc de V en X.

Si c'est un ouvrage à corne ou à couronne qui soit défendu par ce flanc, vous pourrez rendre la défense moins oblique, en tenant la ligne CX moins longue que SV, qui est comme le revers de l'orillon. Si cette ligne SV forme un angle fort obtus avec la face du bastion, il n'est pas besoin de couper cet angle par un arondissement. S'il n'est pas fort obtus, formez ainsi l'arondissement. Marquez deux toises sur la ligne SV de S en 2, & cinq dessus la face du bastion de S en 5. En suite le compas ouvert de la distance 2. 5. des centres 2. 5. faites deux arcs en dedans du bastion & du point de leur intersection Z décrivez l'arc de l'arondissement le compas ouvert de la distance 2. 5.

Article XXX.

Des Remparts & des Parapets des dehors.

Les remparts & les parapets des dehors sont de la même largeur que ceux du corps de la place, & le rempart des batteries retirées pour la défense des dehors ne doit être large que de cinq toises.

Arti-

ARTICLE XXXI.

Des Fossez des dehors.

SI les fossez des dehors étoient aussi larges que ceux de la place, ils en vaudroient beaucoup mieux ; mais pour épargner vous pouvez ne leur donner que douze toises de largeur.

Quand il y a des contre-gardes, l'angle rentrant du fossé de la demi-lune doit être coupé par une ligne, qui de l'angle flanqué de la demi-lune vienne donner à l'extrémité du parapet des flancs des contre-gardes (V. fig. 6. pl. 9.)

Au front des ouvrages à corne il faut tracer le fossé selon la seconde méthode, à moins qu'il ne soit aussi large que celui de la place.

ARTICLE XXXII.

Du Chemin couvert & de l'Esplanade.

CE sont les mêmes mesures qu'au chemin couvert & à l'esplanade de la place.

CHA-

CHAPITRE IV.

DEVIS,

OU EXPLICATION *des Profils.*

ARTICLE I.

Des Courtines.

LA courtine haute est élevée de deux toises au dessus du niveau de la campagne, & elle n'est point revêtuë ; son parapet est haut d'une toise vers la place ; il a deux pieds de pente vers le fossé, un pied de talud intérieur, & deux banquettes, dont la premiére est haute & large d'un pied & demi, & la seconde d'un pied. V. profil des courtines pl. 11.

La courtine basse est à niveau de la campagne, elle est revêtuë : son parapet est pareil à celui de la courtine haute, à l'exception de sa pente qui est d'un pied moins inclinée.

Le parapet du coffre est de quatre pieds plus élevé que le reste du fossé, & il est enfoncé

foncé de cinq pieds. Il en a un de talud intérieur, avec trois banquettes hautes & larges d'un pied chacune. Cet enfoncement est formé par un glacis qui commence à six toises de ce parapet, & qui laisse entre le pied de sa pente & le parapet, un espace large de 9 pieds. (V. pl. 11.) profil des courtines.

ARTICLE II.

Des Flancs.

LE flanc haut est de trois toises plus élevé que la campagne, son parapet est élevé d'une toise vers la place, il a autant de pente qu'il en faut pour découvrir le pied du milieu de la courtine, & il n'a qu'une banquette. Le mur dont ce flanc est revêtu, est soûtenu par trois arcades qui épargnent une partie de la massonnerie, & dont les voutes ne sont pas plus élevées que le terre-plein du flanc bas. V. profil des flancs, & revers de l'orillon pl. 11.

Le flanc bas est élevé d'une toise au dessus de la campagne, son parapet est pareil à celui de la courtine basse, mais il n'a qu'une banquette, & il est coupé à une toise prés du prolongé de la ligne de défense, ce qui donne un passage pour entrer dans la courtine basse par une rampe longue de trois toises & demie, qui en a une de pente. V. profil des flancs. pl. 11.

Le fossé qui est entre le flanc haut & le flanc bas est profond de deux toises, celui qui

qui est au pied du prolongé de la ligne de défense est une maniére de rampe.

Le mur du revêtement du flanc bas doit finir quand il est entré d'une toise dans la courtine basse.

Le talud intérieur du rempart de ces flancs doit être fort peu incliné.

Les courtines du retranchement du bastion ne sont point revêtuës, la plus basse est à niveau du reste du retranchement, l'autre est de huit ou de neuf pieds plus élevée que celle-ci. Au pied de la courtine basse du retranchement dans l'angle du flanc il y a une rampe longue de six toises, large de six pieds, & de dix pieds plus creuse que le vuide du bastion. Le pied de cette rampe est du côté du flanc où je mets l'issuë d'une galerie qui passe sous ces courtines, sa voute n'est haute que de cinq pieds, & cette issuë étant opposée aux courtines est entiérement à couvert.

Le prolongé de la ligne de défense est aussi élevé que le flanc haut dans l'endroit où il joint ce flanc, & il gagne en glacis la hauteur de la courtine: son mur est soûtenu par une arcade comme celui du flanc haut, & il rentre de deux toises dans la courtine haute par un angle de six vingt degrez, ce qui lui donne autant de force qu'il en auroit s'il étoit joint à une courtine revêtuë.

Le prolongé du flanc haut n'est point revêtu.

Article III.

Du Revers de l'orillon.

Le mur du revers de l'orillon n'a point de talud depuis le flanc bas jusqu'au haut du rempart, & il est soûtenu par une arcade dont l'appui qui est vers le fossé est enfoncé de deux toises dans le terre-plein du flanc bas. Le cintre de la voute de cette arcade doit être de 5. pieds plus élevé que ce terre-plein pour donner plus de liberté au premier canon, & même pour le couvrir. V. revers de l'orillon pl. 11.

L'avance de massonnerie qui couvre la poterne est plus haute que le fossé de sept ou de huit pieds ; elle regagne le mur de l'orillon par un fort grand talud, & du côté de la poterne elle est à plomb. V. revers de l'orillon pl. 11.

La poterne est large de six pieds de dedans en dedans, haute de huit, & plus basse de trois & demi que le fossé.

Article IV.

Des faces.

Les faces sont revêtuës, elles sont élevées de trois toises au dessus de la campagne, leur parapet est construit comme celui de la courtine haute, & le talud de leur rempart doit être pareil à celui des flancs. V. profil des faces pl. 11.

L'inspe-

L'inspection du profil fait assez comprendre la construction des contre-mines pratiquées dans les fondemens, & pour les autres il ne s'agit que de donner aux appuis de leurs voutes une épaisseur capable de soûtenir les terres. De deux toises & demie en deux toises & demie, les murs de ces appuis sont percez par des portes larges de quatre à cinq pieds, & de la même hauteur que la voute de la galerie. V. planche 3. figure 5.

ARTICLE V.

Des Batteries retirées dans les faces des bastions.

LA batterie haute ni le prolongé du dehors ne sont point revêtus, leur parapet est pareil à celui de la courtine haute avec deux banquettes.

La batterie basse est à niveau de la campagne, & le mur des faces est supposé être coupé en cet endroit dans toute son épaisseur: le terre-plein de cette batterie est divisé en deux voutes, dont les cintres ont six pieds d'épaisseur, & sont soûtenus par des appuis bâtis en arcade pour épargner la massonnerie: le parapet de cette batterie est pareil à celui de la courtine basse, mais il n'a qu'une banquette.

On entrera dans le terre-plein par une galerie large & haute de six pieds, qui aura son issuë dans le revers de l'espéce d'orillon de ces batteries: ce revers doit être revêtu.

Le

Le fossé est profond de trois toises. On peut laisser le chemin couvert à niveau de la campagne, ou le baisser de trois pieds.

Du côté du fossé l'esplanade a les mêmes talud & banquettes que le parapet du flanc haut; mais il faut laisser un vuide large de demi-pied, & profond d'un pied & demi entre la banquette & le parapet, pour planter la palissade en temps de siége. V. profil des faces pl. 11.

ARTICLE VI.

Des Dehors.

LE rempart des dehors est élevé de six, de neuf ou de douze pieds au dessus de la campagne, leur parapet est pareil à celui des faces des bastions, leur talud intérieur est fort incliné. V. profil des dehors, pl. 11.

Si on contremine les dehors, on doit se servir des mêmes contre-mines qu'on a pratiquées dans les murs ou dans les remparts de la place.

La petite demi-lune qui sert de retranchement au dehors, n'est point revêtuë; & si on creuse un fossé au devant, la profondeur de ce fossé dépendra de la dépense qu'on y voudra faire, elle peut égaler celle du fossé de la place.

Les fossez des dehors sont de la même profondeur que ceux de la place. Les ménagers peuvent néanmoins réduire cette profondeur à deux toises.

L'espla-

L'esplanade & le chemin couvert sont les mêmes qu'au corps de la place.

On donne aux murs du revêtement une épaisseur proportionnée à la hauteur du terrain qu'ils doivent soûtenir, & le talud est ordinairement la sixiéme partie de leur hauteur : ces murs sont tous renforcez par des éperons épais de deux pieds & demi, ou de trois pieds, longs de dix ou de douze, éloignez les uns des autres de deux toises, & aussi hauts que le mur.

Si ces éperons n'étoient propres qu'à rompre la force des terres, & à empêcher qu'elles ne poussent le mur, je croirois qu'il seroit bon de s'en passer, & d'ajoûter leur épaisseur à celle du mur. Cette augmentation le rendroit assez fort pour soûtenir les terres, & elle donneroit lieu de tenir les premiéres contremines d'une belle largeur ; mais ce n'est pas à cet usage seul qu'ils sont destinez, comme quelques-uns l'ont crû, ils servent encore à lier les terres du rempart quand les murs sont ruïnez, & ils empêchent que les batteries n'y fassent autant de degât qu'elles en feroient dans une simple terrasse.

CHAPI-

CHAPITRE V.

DE LA FORTIFICATION Irréguliére.

QUAND la longueur, ni la dispoſition des côtez de la Fortification ne ſont point déterminées par l'œconomie du Prince, qui veüille qu'on ſe ſerve des vieilles murailles de la ville, ni par les accidens d'un terrain bizarre qu'on eſt obligé de fortifier par une néceſſité indiſpenſable de conſerver quelque poſte, ou quelque paſſage avantageux; l'Ingénieur n'étant point gêné, peut former une figure preſque réguliére, pour laquelle il n'aura pas beſoin de ſe faire de nouvelles régles, puis que les côtez étant de la même longueur que ceux de la grande, ou de la moyenne fortification, quelques degrez de plus, ou de moins, à l'angle de la circonférence, n'empêcheront pas qu'il ne ſuive la conſtruction du poligône régulier, dans lequel cet angle approchera le plus de celui qui ſera formé par les côtez de la figure irréguliére. Mais s'il eſt aſſujetti à des longueurs ou à des angles incapables de recevoir une fortification qui approche de la réguliére, il pourra s'aider des preceptes

 ſuivans,

suivans, dans lesquels je ne prétens point lui fournir les moyens de remédier à tous les inconvéniens qui peuvent l'embarasser, je ne m'attache qu'à ceux qui se presentent le plus souvent, ou à ceux dont il me semble que les autres Auteurs n'ont pas traité à fonds.

ARTICLE I.

MAXIMES.

1. Que l'angle flanqué n'ait jamais moins de soixante degrez d'ouverture, ni plus de quatre-vingt-dix, si la longueur de la ligne de défense n'oblige à lui en donner davantage.

2. Que la ligne de défense n'excéde jamais cent cinquante toises. On pourroit néanmoins la tenir un peu plus longue, lors que le feu de la courtine est fort grand, mais on ne doit point sortir ainsi des régles sans un besoin inévitable, & même il faut toûjours couvrir ces tenailles de quelques dehors qui en remparent le defaut.

3. Qu'autant qu'il sera possible, les gorges soient toûjours assez amples pour fournir la place du retranchement du bastion, ou du moins celle des quatre batteries separées par un fossé, & que les demi-gorges soient toûjours vastes du côté où seront les dehors, quand on en voudra mettre; car pour lors on a besoin de tenir les faces des bastions assez grandes pour bien défendre les dehors, & la grandeur des faces dépend en partie de celle

celle des demi-gorges. Au reste quoi que la largeur excessive des gorges soit préjudiciable en ce qu'elle diminuë le feu de la courtine, il se pourroit néanmoins trouver des longueurs de côté qui obligeroient de passer par dessus cette considération, & j'en proposerai quelques-uns, qu'il seroit assez difficile de fortifier, si on ne tenoit les gorges des bastions extraordinairement grandes.

4. Que les faces des bastions soient toûjours assez longues pour bien défendre les dehors quand il y en a, c'est à dire au moins de quarante toises; quand elles ne défendent point de dehors, leur longueur est indifférente.

5. Que les courtines ne soient jamais petites, & si on peut, leur moindre longueur de cinquante à soixante toises. Elles ne doivent jamais former un angle saillant pour quelque raison que ce soit.

6. Que les flancs ayent de longueur vingt-cinq, vingt-quatre, ou du moins vingt & une toises, si on ne pouvoit pas se dispenser de les faire plus petits, on observera de leur donner dix-huit, ou quinze, ou onze toises; mais il vaudroit mieux augmenter la dépense, que de faire des bastions si mal flanquez. Quand les angles de la circonférence seront fort obtus, rien n'empêchera de tenir les flancs plus longs que de vingt-cinq toises, si le Prince veut bien en faire la dépense, & ils seront toûjours de la même inclinaison sur la courtine que les flancs de la réguliére.

7. Que les flancs hauts & les flancs bas ſoient conſtruits comme dans la grande, ou comme dans la moyenne fortification, ſelon la largeur des demi-gorges.

8. Que l'orillon ait toûjours ſept toiſes d'épaiſſeur.

9. Qu'on ne ſonge point à prendre du ſecond flanc, ou feu de la courtine, ſi les flancs ne ſont longs de vingt-quatre toiſes, & ſi les deux premiéres maximes ne peuvent être obſervées.

10. Qu'on emprunte toûjours du plus fort pour le plus foible, c'eſt à dire qu'un côté du baſtion ſe trouvant mieux flanqué que l'autre, il faut tâcher de diminuer la force du premier, pour augmenter celle du ſecond, ſoit en approchant, ſoit en reculant les flancs.

11. Qu'on mette toûjours dans les foſſez des doubles courtines & des coffres, mais que les courtines baſſes ne ſoient avancées que dans les endroits où les baſtions ſeront retranchez par une tenaille.

12 Que l'Angle rentrant de la contreſcarpe n'empêche point que tout le flanc ne découvre toute la face qu'il doit défendre.

13 Qu'on oppoſe à l'ennemi le plus grand front qu'il ſera poſſible, ſuppoſé néanmoins que ce grand front ſoit auſſi fort qu'un plus petit ; autrement le plus petit eſt préferable à l'autre.

14. Qu'il n'y ait aucun endroit dans la place qui ne ſoit flanqué, & que l'on prenne garde que dans les redans ordinaires, ni

dans

dans les angles rentrans des tenailles, l'angle mort n'est point défendu.

15. Que les dehors tirent toûjours leur défense des bastions, à huit, ou à cinq, ou à trois toises au moins, de l'angle de l'épaule.

16. Qu'en rapportant les terres, on forme toûjours & le retranchement des bastions, & celui des dehors. Il est rare que les dehors tirent leur défense des courtines, cependant cela peut être pratiqué en quelques occasions.

17. Qu'autant qu'il sera possible, on observe les mesures & la construction de la fortification réguliére.

ARTICLE II.

Accidens de la Fortification irréguliére.

LORS que le Prince ordonne de fortifier une ville entourée de vieilles murailles, au pied desquelles il y a un fossé large & profond, si l'on est assuré qu'elle sera bien-tôt assiégée, en sorte qu'il n'y ait point de temps à perdre pour la mettre en état de défense; il vaut mieux se servir de bons dehors, comme de demi-lunes simples, ou de demi-lunes à flancs, que de faire des bastions; parce que les bastions occupant toûjours une partie du fossé déja creusé, obligent à le remplir, ce qui est fort long & fort incommode dans la construction des flancs, qui sont toûjours de terre remuée, au lieu que les demi-lunes étant au delà du fossé ne donnent point la peine de remuer tant de terre, & se trouvent toutes de terre ferme, & rassise depuis le niveau de la campagne jusques au fond de leur fossé. Mais quand on aura le temps de joindre une bonne fortification aux anciennes murailles, dont on ne se servira qu'à dessein d'épargner une partie des frais, ou bien si c'est un poste ou un passage avantageux qu'il faille conserver, quand on pourra le fortifier avec plus de loisir qu'il n'en faut pour bâtir un fort de campagne, on consultera les expédiens suivans.

S'il se rencontre une petite hauteur dans l'enceinte de la place, il faut éviter de la mettre entre deux bastions, à moins de vouloir creuser le fossé de la courtine à niveau de celui des bastions, ce qui seroit d'une grande dépense. On tâchera ou de la renfermer, ou de placer un bastion sur sa croupe, & on prendra garde que la contrescarpe ne commande les flancs des bastions qui seront dans le fonds, à quoi on remédiera en élevant autant qu'il sera nécessaire les flancs opposez au commanment.

S'il se ttouve une vallée, je veux dire un espace compris entre deux hauteurs, il faut que la vallée serve de courtine, & que les bastions soient construits en partie sur le penchant des montagnes, & en partie sur leur croupe si la vallée est large; mais si elle est étroite, on mettra les flancs sur l'extrémité du sommet des montagnes, d'où ils découvriront

vrironT la vallée & les faces qu'ils devront défendre.

S'il y a des pans de muraille longs de cinquante, ou de soixante toises, ils pourront servir de courtines ou de gorges, suivant l'ouverture des angles qu'ils formeront, & suivant la grandeur des côtez ausquels ils seront joints.

S'il se trouvoit trois petits côtez formant ensemble un angle de nonante degrez, ou environ ; & si on étoit obligé indispensablement à les fortifier sans rien changer, on pourroit imiter les marquez A A A pl. 10. où les perpendiculaires qui ont servi à former les flancs du bastion A, n'ont que quinze toises. J'ai pris l'inclinaison des flancs sur les faces, au lieu de la prendre sur la courtine ; & par cette pratique j'ai augmenté de trois toises la hauteur des flancs, à quoi le peu de largeur des demi-gorges a encore contribué ; & le dessein fait voir les autres ménagemens que j'ai observé. Les places basses 2, sont celles qu'il faut mettre en usage, lors que les demi-gorges sont fort petites. Le revers de l'orillon est long de cinq toises, & le prolongé de la ligne de défense ne l'est que de trois, à cause du peu de largeur des demi-gorges. La face est prolongée de cinq toises, & le flanc de la place basse est paralelle au premier trait du flanc. Le prolongé de la face doit être assez épais & assez élevé pour mettre ce flanc hors d'état d'être enfilé. On remarquera par le bastion A 3, que lors qu'un flanc se trouve opposé & presque paralelle à

 la

face de son bastion, comme le marqué A B, il y a assez de place pour la retraite des batteries, si l'autre flanc du même bastion est long de vingt-quatre, ou même de vingt & une toise. S'il étoit permis de s'étendre, on prolongeroit le côté qui est à la teste jusqu'à l'extrémité du côté O E. Mais si on ne pouvoit s'étendre que vers la teste, on imiteroit la ponctuation V V., où deux des petits côtez servent de courtines.

Les côtez depuis soixante toises jusqu'à cent, serviront de courtines comme B B pl. 10, supposé qu'ils fassent angle avec de plus grands, sinon, on observera à proportion les mêmes ménagemens que j'ai observé dans les côtez A A A.

Depuis cent jusqu'à cent cinquante toises, on n'a pas besoin d'autres régles que de celles de la fortification réguliére, à moins que le peu, ou le trop de longueur des côtez qui seront joints à ceux-ci, n'obligeât à diminuer ou à augmenter la grandeur des demi gorges; & si on y est obligé, il faudra tâcher d'égaler la force des deux faces du bastion, en prenant garde que l'une tire de la courtine autant de feu que l'autre, pourvû que ce ménagement ne rende point la ligne de défense trop longue dans l'une des tenailles, ou l'une des faces du bastion trop petite pour bien défendre les dehors. Cette derniére considération n'a point de lieu, si on ne met point de dehors.

Depuis cent cinquante jusqu'à deux cent toises, les angles de la circonférence étant égaux

égaux à ceux de l'eptagône, ou plus ouverts, on examinera si on peut prendre sur ce grand côté toutes les gorges de soixante toises chacune, & construire les bastions dans les régles, tenant la défense razante comme dans la tenaille C C pl. 10. ou bien on mettra si on veut un bastion sur le milieu de ce côté, tenant les demi-gorges des angles plus petites qu'elles ne le sont ordinairement; mais j'aimerois mieux un bon dehors que ce bastion. Un dehors répareroit la foiblesse de la grande tenaille, il ne coûteroit pas plus que le bastion, & il feroit bien plus de peine à l'ennemi, puis que les bons retranchemens dont il seroit capable, l'arrêteroient long-temps avant qu'il pût s'attacher au corps de la place; au lieu que le bastion rendroit effectivement le corps de la place plus fort; mais aussi les ennemis seroient bien plus avancez quand ils seroient logez dessus, que s'ils avoient gagné en partie, & même tout le dehors.

Si ces grands côtez forment des angles au dessous de cent vingt-huit degrez, ou s'ils sont joints à d'autres grands côtez, on mettra un bastion plat sur le milieu; & en cas qu'on veüille couvrir leurs courtines de quelques dehors, je préfererois celui qui tireroit sa défense des deux bastions des angles, à deux autres dehors qui seroient flanquez chacun d'un bastion des angles & de celui du milieu, parce que l'ennemi seroit obligé de se saisir de ce grand dehors, comme de l'un des petits, pour attaquer l'un de ces trois bastions, & que, ce grand dehors étant capable de deux retranchemens, lui coûteroit plus de monde que l'un des petits, qui ne pourroit être retranché qu'une fois.

Depuis deux cent jusqu'à quatre cent toises, lors que les angles de la circonférence ne sont pas fort ouverts, & jusqu'à quatre cent soixante, & plus quand ils le sont autant que dans l'octogône, on peut ne faire qu'un bastion plat comme dans le côté ⊖ ⊙ pl. 10. ou deux petits comme les ponctuez sur le même côté; mais avant de résoudre lequel des deux partis on auroit à prendre, il seroit bon de calculer ce que coûteroient les deux petits bastions sans demi-lune, & ce que pourroit coûter le grand bastion avec deux demi-lunes au devant de ses courtines. Si la différence ne se trouvoit pas fort grande, ce qui dépendroit de la profondeur des fossez de ces dehors, je crois qu'il ne faudroit pas balancer à choisir le grand bastion, par la même raison que j'ai alléguée au sujet du grand dehors, que j'ai préféré au bastion plat dans les côtez de deux cens toises. Il ne faut point s'efrayer de voir des gorges longues de six vingt toises, la grandeur excessive d'un bastion ne diminuë rien de sa bonté, s'il est bien défendu, & l'ennemi seroit peut-être autant rebuté par les retranchemens qu'on peut y tracer, que par la quantité de monde qu'il perdroit à la prise des petits bastions.

Ces petits bastions dans lesquels on ne peut pas tracer un retranchement, doivent être construits ainsi. On leur donnera trente-deux ou trente-quatre toises de gorge, on élevera leurs flancs de trente-quatre toises, & on en prendra vingt-quatre depuis l'angle de l'épaule, pour l'orillon, & pour les flancs retirez, qu'on construira comme dans la moyenne fortification. Le reste sera un espace vuide qui servira de flanc bas, & qui donnera lieu aux flancs des bastions opposez, de flanquer la muraille qui forme le retranchement.

Si quelques côtez d'une longueur médiocre, comme de cent quarante ou de cent cinquante toises, forment quelques-uns des angles aigus qui sont entre 90. & 60. degrez, comme ⊙ E D pl. 10. on prendra vingt-cinq toises de chaque côté de l'angle pour les demi-gorges, & ayant élevé des flancs hauts de dix-huit ou de vingt & une toises, de l'extrémité de ces flancs, le compas ouvert de la distance qu'il y a de l'un à l'autre, on décrira deux arcs en dehors de la place, & le point d'intersection de ces arcs sera celui de l'angle flanqué du bastion. De ce point on portera cent cinquante toises sur le côté, à l'endroit où elles tomberont, on élevera les flancs des bastions qui doivent défendre celui ci, & ces flancs auront dix-huit ou vingt & une toises de hauteur, au delà du point où ils seront coupez par le prolongé des faces du bastion. Cette construction est plus pratiquable sur les angles qui ont depuis soixante & quinze, jusqu'à nonante degrez d'ouverture, que sur les angles qui ont moins de soixante & quinze degrez. Dans ces derniers,

niers, il vaut ſouvent mieux en uſer comme dans les angles extrémement aigus, dont je parlerai bien-tôt.

Si ces côtez ſont fort longs, comme de deux cens toiſes ou davantage, les ſoixante ou ſoixante & dix toiſes les plus proches de l'angle pourroient être les faces d'une demi-lune, au deſſous de laquelle on formeroit une tenaille comme la marquée QQ, dont la conſtruction approche fort de celle de l'hexagône; mais les maiſons qu'il faudroit détruire, empêchent ſouvent de pratiquer ce deſſein dans les villes. Quand cette raiſon aura lieu, on imitera le deſſein FF, où les flancs du baſtion de la pointe rentrent dans la place, & où j'ai tenu les faces de ce baſtion extrémement longues, ce qui coûteroit fort peu s'il ne faloit point couper de maiſons. S'il eſt abſolument impoſſible de rentrer dans la place, on mettra un baſtion plat ſur chacun des côtez, & on en conſtruira un à la pointe, pareil à celui dont j'ai parlé dans la page précédente. Si les angles aigus ont moins de ſoixante degrez d'ouverture, on mettra à leur teſte un ouvrage ſemblable à celui de l'angle 33. pl. 10. dans la conſtruction duquel on imitera celle de l'ouvrage à corne mis à la pointe du baſtion, & on donnera vingt huit, ou trente toiſes aux demi-courtines, vingt & une, ou vingt-quatre toiſes aux flancs, trente-huit ou quarante toiſes aux faces; on pourroit les tenir moins longues, ſi leur courtine n'étoit point couverte d'une demi-lune; enfin de l'extrémi-

té

té des faces, on tirera les aîles au pied des flancs qui doivent les défendre, ou on leur fera tirer du feu de la courtine, observant de donner au moins soixante degrez d'ouverture à leurs angles flanquez. De quelque endroit de ces aîles, on baissera sur le côté qui tient lieu de courtine, des flancs longs de vingt-cinq toises, ou même plus longs, si on ne craint pas les frais de la foüille des terres. On approchera, ou on éloignera cet ouvrage de la pointe de l'angle aigu, selon la longueur des côtez qui formeront cet angle; & s'il y en a un plus long que l'autre, on inclinera le front de l'ouvrage vers le plus long côté, pour épargner un bastion plat s'il est possible. Quand les flancs des aîles seront éloignez de la pointe de l'angle aigu, on laissera subsister les murs de la ville renfermez dans l'ouvrage, & on ne remplira du fossé qui est au pied de ces murs, que la place qui sera occupée par les batteries des flancs. Ces murs terrassez pourroient faire partie d'un retranchement qui donneroit bien le loisir d'en préparer un meilleur.

Le Chevalier de Ville, comme plusieurs autres Auteurs, conseille de couper en tenaille les bastions qu'on met à la teste des angles aigus, afin que leur pointe ne soit plus si facile à rompre; mais le reméde me paroît pire que le mal. Le defaut qui m'a fait réprouver l'usage des ouvrages à corne en tenaille, est bien moins sensible dans un dehors dont le rempart n'est pas fort élevé, que dans ces bastions qui doivent être de la même élevation

élevation que le reste du corps de la place, & qui semblent n'être destinez qu'à couvrir le mineur ennemi.

Si quelque angle rentrant qui n'ait pas beaucoup plus de nonante degrez d'ouverture, ni beaucoup moins de soixante, est formé par des côtez longs de cent à six vingt toises, on prolongera ces côtez autant qu'il sera nécessaire pour tracer deux demi-bastions sur les côtez qui les joignent, & on mettra dans l'angle rentrant une tenaille: c'est ainsi qu'on appelle la petite retraite marquée R pl. 10. On la construit en prenant dix-huit toises de chaque côté de l'angle, & tirant des lignes des angles flanquez, des demi-bastions par les pointes des dix-huit toises, ou bien des lignes paralelles au côté opposé, sur lesquelles on marque douze toises en dedans, & en ayant porté autant sur le prolongé des côtez aussi en dedans, on tire des lignes aux points marquez, dont l'une tient lieu de courtine qui est battuë de revers par les lignes tirées de l'angle flanqué; les deux autres sont des flancs retirez, qui battent chacune tout le côté qui leur est opposé. Il ne faut mettre qu'un coffre au pied de cette retraite, ou tenaille; car des places basses laisseroient toûjours un angle mort, & même ce coffre ne doit pas suivre la figure de la tenaille, il peut seulement en occuper le front. Il seroit bon d'ouvrir le fossé par des lignes tirées de la pointe des demi-bastions à quarante toises de l'angle rentrant, à peu prés comme dans mes fossez de la seconde méthode, afin que ces

ces côtez tirassent quarante toises de défense l'un de l'autre. Si quelque forte raison empêchoit de rentrer dans la place, on éleveroit à l'extrémité de ces côtez des petits flancs hauts de douze toises, qui ne serviroient qu'à battre les vingt toises les plus proches de l'angle rentrant qu'ils découvriroient tous les deux; le reste des côtez peut s'entreflanquer. Les faces qui seroient jointes à ces flancs, tireroient leur défense des trente toises les plus proches de l'angle rentrant.

Si l'angle rentrant est fort aigu, le vuide qu'il formera servira de courtine ou de gorge, comme la marquée 55. planche. 10.

S'il est fort ouvert, ses côtez tiendront lieu d'une courtine brisée. V. G. pl. 10.

S'il est formé par des côtez longs de cent cinquante à deux cens toises ou plus, je crois que le meilleur parti qu'on puisse prendre, c'est de ne fortifier point ces côtez, mais de tirer une ligne de l'extrémité de l'un à l'extrémité de l'autre, sur laquelle on mettra deux bastions entiers, ou un bastion plat & deux demi-bastions, selon la longueur de cette ligne. La plate forme qui couvriroit l'angle rentrant, & les deux demi-bastions, dont on ne pourroit pas se passer, coûteroient presque autant que cette autre fortification qui est bien meilleure, & qui aggrandit la ville. Ils ne sont propres qu'aux endroits où il n'est pas permis de s'étendre.

Si l'angle rentrant formé par ces grands côtez passe cent trente cinq ou cent quarante degrez,

degrez, il pourra être fortifié comme une ligne droite.

On ne peut pas employer de plus mauvaises fortifications que les redens ordinaires, dont la plûpart des Auteurs bordent les riviéres & les lieux escarpez. Les faces de ces redens sont longues de cinquante ou de soixante toises, & leurs flancs le sont de dix ou de douze. Il y a au moins six toises dans les flancs, & autant dans les faces, qui ne sont vûës d'aucun endroit, & où le mineur ennemi ne craint que la grenade, ou les autres artifices, qu'il lui est d'autant plus aisé d'éviter, qu'on les lui jette sans sçavoir précisément ni où il est, ni où ils doivent tomber.

Le seul reméde qu'on pourroit apporter à ce défaut, seroit de donner vingt cinq toises de hauteur aux flancs, dans lesquels on feroit une retraite Y Y planche 10 large de quinze toises, & profonde de douze, dont les côtez seroient moins élevez que le reste de la place, afin qu'ils flanquassent mieux celui qui fait l'effet d'un flanc retiré, & qu'ainsi il n'y eût point d'angle mort. Il seroit aisé de regagner la dépense de ces grands flancs, en donnant cent trente-cinq toises aux faces, qu'il est fort inutile de tenir moins longues que de la portée du mousquet. Rien ne peut obliger à mettre plusieurs de ces redens les uns aprés les autres; si un seul ne suffisoit pas, il ne coûteroit pas davantage de faire deux demi-bastions au bout de la ligne, & de mettre au milieu un ou plusieurs petits bastions plats, dont les gorges n'aun'auroient que trente-deux toises de largeur, les flancs quinze toises de longueur, & qui seroient éloignez l'un de l'autre de cent trente toises. V. P P pl. 10. Ces petits bastions tout mauvais qu'ils sont, valent encore mieux que les redens, dans les flancs desquels il y a une retraite. Ils coûtent moins que les redens ordinaires, & même ils défendent bien mieux une riviére; car leur courtine qui est platte & fort longue, bat également de tous côtez, au lieu que les faces des redens ne battent que ce qui est devant elles, ou ce qui paroît du côté vers lequel elles sont inclinées, outre que les quais & les murs déja bâtis épargnent presque toute la dépense, si on met en usage ces petits biastons, & qu'ils ne peuvent rien épargner dans les redens. Si les bords d'une riviére ne sont pas plus éloignez l'un de l'autre que de la portée du mousquet, il est inutile de les fortifier de redens.

CHA-

CHAPITRE VI.

NOUVEAUX DESSEINS DE FORTIFICATION.

SI je ne ſuis pas devenu tout à fait ſage aux dépens des Auteurs qui ont voulu doubler la force des places par des deſſeins qui euſſent cauſé plus de dépenſe que les fortifications vulgaires : du moins le peu de ſuccés qu'ont eu ces deſſeins, m'ayant fait juger quel ſort ceux que je vais propoſer devoient avoir, m'a épargné la peine d'en donner une conſtruction exacte, & m'a même empêché de réfléchir beaucoup ſur les moyens d'en augmenter la force, & d'en diminuer les frais. Ceci n'eſt qu'une premiére idée, que je mets au jour bien moins dans l'eſpérance de la voir ſuivie, que dans le deſſein de deſabuſer ceux qui ont crû cette matiére épuiſée, & de faire par occaſion quelques remarques ſur les conſtructions qui ont de la conformité avec les miennes, en examinant les raiſons de ceux qui nous les ont laiſſées.

La premiére qui ait paru eſt celle de la fig.

1. pl.

1. pl. 12. qu'on a nommé ordre renforcé. Ses flancs, tant de la courtine que des bastions, sont longs de vingt-quatre toises au plus. Sa plus petite ligne de défense est longue de cent cinquante toises, & la plus grande l'est de deux cens. Ses demi-gorges sont larges de vingt à vingt-deux toises, & le vuide de la courtine de quarante ou de quarante-quatre. Ses flancs sont perpendiculaires sur les courtines, enfin les courtines & les bastions sont également élevez au dessus de la campagne.

Marchi Auteur Italien, dans son recueil de Desseins de fortification, a tourné cet ordre renforcé de tous les biais dont il s'est avisé : les figures 2. & 3. pl. 12. representent deux de ses tenailles d'hexagône, qui suffisent pour juger de toutes les autres.

Dans la premiére il donne au grand côté intérieur cent quarante toises de longueur, sur quoi il en prend dix-huit, ou vingt pour chaque demi-gorge. Il éleve des flancs de vingt ou de vingt-quatre toises perpendiculaires à ce grand côté, ensuite il divise le reste de ce côté en trois parties ; aux points des divisions, il baisse des perpendiculaires longues de trente-six ou de quarante toises, du milieu desquelles il tire les faces des bastions opposez par la tête de leurs flancs ; & de ce même milieu, il méne au pied des flancs du bastion le plus proche, des espéces de courtines rentrantes. Ainsi la ligne du grand côté, ni la premiére partie de ces perpendiculaires ne servent qu'à la construction. L'autre

tre partie forme un flanc qui ne voit que les courtines rentrantes & la courtine sur laquelle il tombe à angle droit.

Dans la seconde tenaille, fig. 3 pl. 12. le côté est long de six vingt toises, & l'angle flanqué n'est ouvert que de soixante degrez, ce qui donne de fort grandes faces, que l'Auteur coupe à quatorze ou quinze toises du premier trait des flancs, pour avoir dans chaque demi-bastion deux flancs longs chacun de quatorze ou de quinze toises. Le plus éloigné de la courtine joint les faces du bastion qui sont défendues des deux flancs opposez, & de l'une des faces d'un petit bastion que l'auteur met sur le milieu de la courtine. Le second joint la courtine d'un côté, & de l'autre il est couvert par des espéces de courtines rentrantes, ou de faces qui ne tirent leur défense que du petit bastion, & du premier flanc opposé. Derriére les derniéres casemattes, il y a un cavalier paralelle aux flancs, long environ de vingt-quatre toises.

M. Blondel a donné dans ces derniers temps une maniére de fortifier toute nouvelle: la figure 4. pl. 12. est une tenaille de son octogône, & la figure 5. est une tenaille de la ligne droite. Dans l'une & dans l'autre la ligne de défense est razante; mais dans la premiére les flancs ne sont longs que de cinquante toises, & dans la seconde ils le sont de soixante & dix. Sur ces flancs il prend huit ou dix toises pour l'orillon, & il met trois batteries dans chaque flanc, derriére lesquelles il éleve encore un cavalier de la même mê longueur que ces batteries. Toute l'espace qui est marquée de hacheures tendres, est un fort grand fossé aussi large que le flanc est long. Dans ce grand fossé il creuse encore une cuvette en angle rentrant, que j'ai marquée par des hacheures fortes ; & il éleve au devant de la courtine une demi-lune, pour la défense de laquelle il pratique deux batteries dans les faces des bastions. Au devant de ces faces, il éleve deux contre-gardes de maçonnerie solide, qui sont défenduës par deux batteries pratiquées dans les faces de la demi-lune : enfin parce que les demi-lunes & les contre-gardes ne suffisent pas pour mettre ses flancs à couvert des batteries de travers ; il y ajoûte des petits ouvrages qu'il nomme lunettes, pour boucher le jour qui reste entre les contre-gardes & les demi-lunes ; & il creuse encore une cuvette au devant de tous ces dehors, avec des coffres ou des caponiéres dans tous ses angles saillans ou rentrans.

Sans avoir suivi M. Blondel ni les autres Auteurs, je parois avoir pillé sur leurs desseins la construction des figures 1. & 2. pl. 13, qui sont celles que je propose.

Dans la premiére qui est un octogône, je tiendrois les flancs longs de cinquante-huit toises, les faces de quarante-deux, la ligne de défense de cent-cinquante, & l'angle flanqué de soixante & quinze degrez. Je diviserois ces flancs en deux parties, la plus proche du centre de la place auroit vingt-cinq toises, & la plus éloignée trente-trois. Du

pied

pied du flanc opposé je tirerois par l'extrémité de cette premiére partie les faces d'un bastion intérieur. J'éleverois de deux toises au dessus de la campagne le rempart des faces du premier bastion, & celui du second de trois. Afin de pouvoir laisser un fossé entre ces deux bastions, sans me priver du flanc haut du premier, je creuserois le fossé de la place de quatre toises, depuis le pied du premier flanc, jusqu'à la contrescarpe. J'éléverois la place basse de ce flanc de deux toises au dessus du fond du fossé, & je laisserois la place haute à niveau de la campagne, mais je ne donnerois en tout que quatre toises & demie de largeur à son terre-plein, que je ne revêtirois pas, & au pied duquel je creuserois vers la place basse, un fossé large & profond de trois toises. V. pl. 15. Je mettrois à niveau de la place basse le reste du bastion qui est derriére le flanc haut. Ainsi pour se retrancher lors qu'on verroit le mineur attaché sans reméde, on pourroit creuser ce flanc en dessous, l'étayer, transporter la terre dedans la place, faire tomber les étais avec des petards ou autrement, quand on jugeroit qu'il en seroit temps, remplir le fossé de la place basse avec les terres du flanc haut, & en moins de quatre heures mettre à niveau de la place basse toute l'espace comprise entre le rempart du premier bastion, & l'escarpe du second, qui par ce moyen se trouveroit élevé de cinq toises au dessus de cette espéce de fossé. Je ne formerois point par un arc les flancs de ce premier bastion, par-

ce

ce qu'ils perdroient du terrain s'ils étoient circulaires, ce qui n'eſt point à craindre dans les flancs du ſecond baſtion, qui ne ſont terminez que par le prolongé de la ligne de défenſe. Au devant de ces derniers je ferois une eſpéce de flanc convexe, fort peu éloigné de la place baſſe, propre ſeulement pour la mouſqueterie, plus bas d'une toiſe que la place baſſe, & qui ne pourroit pas être enfilé parce qu'il ſeroit joint à l'orillon. Le foſſé ne ſeroit creux que d'une toiſe proche de la courtine, & il gagneroit trois toiſes de profondeur en glacis, depuis le pied de la courtine juſqu'au coffre qui eſt paralelle à la courtine, & qui en eſt autant éloigné que le revers de l'orillon du baſtion intérieur. Je tracerois le foſſé ſelon la ſeconde méthode que j'ai enſeignée, lui donnant ſeize ou vingt toiſes de largeur devant les faces des baſtions, & je fortifierois ſa contreſcarpe d'une fauſſe-braye à peu prés pareille à celle du Comte de Pagan, mais qui n'auroit pas les mêmes defauts. Ses courtines ſeroient plattes, ſes flancs auroient vingt-cinq toiſes de longueur, & ils ne ſeroient jamais éloignez de plus de cent cinquante toiſes de la pointe de l'angle flanqué. Ainſi elle feroit une réſiſtance auſſi vigoureuſe que nos meilleures places, outre qu'on pourroit avancer de trés-beaux dehors. Je contreminerois toutes les faces & les orillons, ce qui ne ſerviroit pas ſeulement à découvrir le mineur, mais à pouſſer des fourneaux ſous les logemens que l'ennemi feroit ſur la brêche ou de la la fausse-braye, ou du premier bastion, aussi bien que sous ses batteries de la contrescarpe

Le second dessein de la fig. 2. pl. 13. ne différeroit du premier qu'en ce que les faces seroient plus longues, afin qu'elles défendissent mieux la demi-lune, & que les flancs étant moins inclinez, ne craignissent pas tant les batteries de travers.

Les Inventeurs de l'ordre renforcé promirent trop d'avantages à la fois, ils prétendoient non seulement que cette construction doubloit la force des places, mais ils soûtenoient encore qu'elle en augmentoit la capacité. Pour connoître s'ils étoient bien fondez à le soûtenir, il ne faut que voir la fausse-braye de la fig. 1. pl. 12. ou même la ponctuation marquée sur la tenaille de cet ordre (si je puis me servir de ce terme) car je ne sçais s'il est permis de distinguer par ordres les différens desseins de l'Architecture militaire, comme ceux de l'Architecture civile. Dans cette fausse-braye où les flancs ont vingt-cinq toises de longueur, & où la ligne de défense n'est pas plus longue que la plus petite de l'ordre renforcé, le côté intérieur a cent nonante toises de longueur, au lieu que dans l'ordre renforcé, si on veut que les flancs soient longs de vingt-quatre toises, le côté de l'octogône ne le sera que de cent quatre-vingt toises, outre que la courtine rentrante emporte beaucoup de terrain.

L'autre avantage qu'ils attribuoient à ce dessein, ne s'y trouve pas dans toute l'étendue duë qu'ils lui donnoient. Les flancs les plus éloignez ne paroissent pas doubler la défense, & je tiens que pour le faire il faudroit qu'ils fussent à la portée du mousquet, ce qui ne se rencontre pas dans ceux-ci, qui tout au plus donneroient lieu aux assiégez de rendre leurs batteries supérieures à celles que les assiégeans feroient sur le bord de la contrescarpe, si de bons dehors les conservoient jusques-là ; mais dans l'assaut on ne pourroit compter que sur leurs canons cachez, & il ne faudroit point s'attendre au feu de la courtine, que l'éloignement rend inutile, & sur lequel le biaisement empêche de loger du canon qui puisse battre la brêche. Si ces Ingénieurs ne cherchoient qu'à rendre leurs batteries supérieures à celles des ennemis, je crois qu'ils eussent beaucoup mieux réüssi en tenant leur fossé profond de quatre toises, & laissant à niveau de la campagne le terre-plein des courtines & des flancs de la courtine, tant pour donner lieu aux canons qu'ils eussent logé sur la courtine, de battre la contrescarpe sans en être empêchez par le biaisement, que pour faire découvrir toute la face du fossé à une batterie double longue de quarante toises, qu'ils eussent tiré du pied des flancs du bastion, à l'extrémité du terre-plein des flancs de la courtine ; à quoi ils devoient ajoûter un coffre ou un parapet qui occupât tout le vuide qui reste entre les deux flancs de la courtine, comme en la fig. 6. pl. 12. Mais par ce dessein qui vaut beaucoup mieux que le leur, ils eussent tellement augmenté

gmenté la défense des bastions, que leurs courtines seroient devenuës les parties attaquables, ce qu'il faut éviter.

Le defaut de leur dessein est donc de n'avoir pas ses deux flancs à portée. On a trouvé sa petite ligne de défense trop longue, mais à present elle ne passe plus pour excessive à cent cinquante toises. On a dit encore que les faces de ses bastions étoient trop petites pour bien défendre les dehors, ce qui n'est pas toûjours vrai; & on ajoûtoit que ses bastions ne pouvoient pas être retranchez, mais j'y trouve la place de deux petits retranchemens. Le premier peut-être un mur épais d'une toise ou plus, paralelle aux faces, & joint au revers de l'orillon qui seroit de même épaisseur, l'un & l'autre percez en maniére de caponiére. Le second dessein seroit formé par le prolongement des courtines, au devant duquel on pourroit creuser un fossé à niveau de la place basse, en abattant le flanc haut comme dans mes desseins. Ces deux retranchemens ne gâteroient point le flanc de la courtine, qui seroit toûjours en état de défendre le bastion opposé, & ils donneroient bien le temps d'en faire un grand aussi fort qu'un ouvrage à corne, comme le ponctué fig. 6. pl. 12. qui conserveroit encore ce flanc en son entier, ce qui ne seroit pas un petit avantage, si la partie de la courtine opposée ne restoit pas sans défense.

Dans le premier dessein de Marchi, les bastions sont défendus par deux fois autant de mousqueterie que ceux de l'ordre renforcé; mais

mais les seconds flancs de ce dessein sont tellement exposez aux batteries des assiégeans, & si peu propres à contrequarrer les batteries de la contrescarpe, ou à loger du canon pour la défense des bastions : Enfin au dessus de l'octogône ses faces sont si petites, que je lui préférerois l'ordre renforcé, dont les flancs sont plus longs, & dont les bastions sont défendus par quatre canons cachez.

Son second dessein peut-être regardé dans l'Architecture militaire, comme les desseins Gotiques le sont dans l'Architecture civile. Sa courtine est attaquable au pied des grands flancs, à l'endroit où elle n'est défenduë que par le petit bastion plat; ses bastions ne fournissent pas la place d'un bon retranchement, ses casemattes sont trop petites, & ses gorges sont trop étranglées.

S'il ne s'agissoit que d'agrandir & de multiplier les lieux d'où les bastions peuvent tirer leur défense, il seroit impossible de mieux réüssir que Monsieur Blondel : rien n'est plus capable d'éblouïr ceux qui recherchent l'augmentation du feu, que de voir des flancs longs de cinquante ou même de soixante & dix toises, quatre batteries de cette longueur opposées à une même face de bastion, & les deux premiéres à la portée du mousquet. Mais si outre cet agrandissement des flancs, on demande encore qu'ils soient à couvert des batteries éloignées, on n'en est pas quitte à bon marché en se servant des moyens que fournit Monsieur Blondel. Quand il inventa cette nouvelle maniére de

 fortifier

fortifier les places, il avoit apparemment l'esprit rempli des magnificences & des dépenses extraordinaires que les Anciens faisoient dans la construction des bâtimens destinez au plaisir du public, & raisonnant en homme prévenu pour son siécle, il crut que les modernes étant plus sages, & n'étant pas moins magnifiques que les Anciens, ils n'auroient pas de peine à convertir ces grandes dépenses en des bâtimens destinez à la sûreté & à la tranquilité de l'Etat, qui sont les plus solides plaisirs que les peuples puissent goûter. Ce fut donc dans cette pensée qu'il couvrit les faces & les flancs de ses demi-bastions, avec des contre-gardes, & des lunettes de massonnerie solide de trois toises & demie, ou de quatre toises d'épaisseur, & qu'il creusât un fossé prodigieusement large, dans lequel il mit encore des cuvettes plus larges & plus profondes que celles qui pour lors étoient en usage.

La plus forte chicanne qu'on peut lui faire n'est pas sur l'excés de la dépense, tant de ses fortifications, que des munitions, & du grand nombre de canoniers & d'Officiers d'artillerie, dont il faut qu'elles soient pourvûës. Je suis persuadé qu'on s'y resoudroit volontiers dans les Capitales des Republiques, ou de certains petits Etats, dans lesquelles tous les habitans concourent à la défense de ce qu'ils appellent leur liberté: mais je crois aussi qu'on pourroit employer ces grandes sommes plus utilement que Monsieur Blondel n'a fait, & qu'outre la dépense, ſe, il y a dans ſes deſſeins d'autres defauts qui ne ſe rencontreroient pas dans les miens.

En premier lieu il établit pour maxime fondamentale, que la ligne de défenſe ne doit être longue que de cent quarante toiſes, & il meſure la longueur de cette ligne depuis le pied des flancs juſqu'à la pointe de l'angle flanqué; mais ſi on s'en tient à cette longueur, tout ſon flanc ne ſera pas à portée; car il y a plus de cent cinquante-ſix toiſes de la pointe du baſtion à l'angle de l'épaule oppoſé, comme on le peut voir par la ponctuation AB de la fig. 5. pl. 12. où la portion de cercle ponctuée eſt décrite de la pointe du baſtion, le compas ouvert de la diſtance qu'il y a de cette pointe au pied du flanc: ceci n'eſt une grande faute que par rapport à l'établiſſement de la premiére maxime.

Secondement le corps de ſes places ne vaudroit rien ſans dehors, & même des demi-lunes & des contre-gardes ne ſuffiſent pas pour couvrir ſes flancs.

Je ne dirai point qu'il ne peut retarder les approches par les batteries des faces qui ſont trop obliques; il ſuppoſe que les contre-gardes ſont deſtinées à cet uſage: mais outre qu'elles ſont auſſi obliques que les faces, elles ne ſont pas long-temps en état de contre-quarrer les batteries des aſſiégeans, parce que n'étant qu'un mur épais de quatre toiſes au plus, d'abord que leur parapet qui eſt fort mince, aura été razé, ce qui arrivera dés les premiers jours du ſiége; on ne pourra plus

 loger

loger du canon ſur leur rempart qui ſera entiérement occupé par le nouveau parapet formé avec des gabions, ou des ſacs à terre, & auquel on ne pourra donner moins de trois toiſes & demie d'épaiſſeur, ſi on veut qu'il ſoit à l'épreuve du canon. C'eſt-là à mon ſens un des grands defauts de cette conſtruction ; car il ne ſuffit pas que le baſtion ſoit bien défendu, il faut encore que la campagne ſoit bien flanquée, ſans cela les approches ne coûtent guéres de monde ni de temps aux aſſiégeans.

Quatriémement, il me ſemble qu'il eſt aſſez inutile de creuſer le dedans de la demi-lune, à la réſerve de ce qui pourroit empêcher que les faces ne s'entre-flanquaſſent, & le petit retour que le rempart de ce dehors forme vers ſa pointe, ne me paroît propre qu'à mettre les ennemis à couvert des batteries de la place : ainſi j'euſſe mieux aimé le remplir.

Cinquiémement, les cuvettes ſéches que M. Blondel eſtime infiniment, & qui n'augmentent pas moins la dépenſe qu'un bon dehors, ſont de vrayes niches à mineur ; car les caponiéres qu'il met dans tous leurs angles rentrans ſont bien-tôt renverſées par des fourneaux ou par les batteries, & pour lors il ne faut ruiner qu'une trés-petite partie du flanc, pour donner lieu au mineur de ſe couvrir de l'eſcarpe de cette cuvette, dans laquelle il a bien-tôt fait ſon trou, & où il n'eſt point vû des canons cachez, il ſeroit même entiérement à couvert dans l'angle rentrant,

rentrant. Quant aux retranchemens que l'Auteur dit qu'on pourroit pratiquer entre cette cuvette, & le pied du bastion; ils couvriroient l'ennemi d'abord qu'il s'en seroit rendu Maître, & je tiens que ses bastions seroient bien mieux défendus, si le fossé étoit par tout d'une égale profondeur; cela obligeroit le mineur à commencer sa mine de fort loin, ou à s'attacher au pied du bastion. Là il seroit découvert de trois canons cachez, qui ne battent point dans la cuvette, & il seroit contraint de percer la muraille, dans laquelle il ne pourroit pas se cacher aussi promptement que dans l'escarpe de la cuvette. Je sçais bien qu'on ne lui donne pas toûjours la peine de percer la muraille. Mais quoi qu'on fasse, il en reste toûjours assez pour l'arrêter plus long-temps que ne feroit une simple terrasse. La cuvette qu'il met devant les dehors fait le même effet que celle du grand fossé, & principalement celle qui est devant les lunettes. Elle empêche que ces piéces ne soient bien défenduës des contregardes, d'où on ne pourroit plus découvrir le pied de l'angle qui en est le plus proche, quand on auroit été obligé de réparer leur parapet avec des gabions.

Enfin ses quatre batteries sont si longues & si serrées, qu'on les combleroit de bombes en peu de temps, & le cavalier remplit tellement ses bastions, qu'il est impossible de s'y retrancher, ce qui est capable d'effrayer les soldats & les habitans, & de les intimider au point d'obliger leur Gouverneur à ca-

 pituler,

pituler, avant d'avoir éprouvé le service que cette pile de flancs rendroit dans l'assaut.

Je ne sçais comment Monsieur Blondel a pû se résoudre à dire, que sa construction pouvoit être appliquée sur les vieilles places *avec une facilité incroyable.* Il est presque incroyable qu'un homme aussi éclairé que lui, ait pû trouver de la facilité à réduire les vieilles fortifications à sa méthode, puis que pour le faire non seulement il est nécessaire qu'elles ayent du second flanc considérablement, ce qui ne se rencontre guéres; mais il faut encore abattre les vieux flancs, rentrer dans la ville, & ruïner une infinité de maisons, ce qui me paroît fort éloigné de la facilité qu'il nous promet, tant à cause du chagrin que ce démolissement doit donner aux propriétaires des maisons, que par rapport à la dépense que le Prince est obligé de faire pour les rembourser.

Dans mon premier dessein tout le flanc seroit également à portée de l'angle flanqué, & outre que ses deux orillons le couvriroient, il ne seroit point exposé aux batteries de la campagne, à cause de la fausse-braye qui régneroit autour de la place. Cette fausse-braye seroit plus forte que tous les dehors de Monsieur Blondel, principalement si elle avoit une demi-lune double au devant de sa courtine, & avec la demi-lune elle couteroit de moitié moins que ces dehors, quoi qu'elle fût toute revêtuë; mais une pareille fortification ne seroit propre que pour des villes entiérement dévoüées au service du Prince, tant

tant à cauſe de la ſurpriſe de la fauſſe-braye qui pourroit être procurée par des habitans mal-affectionnez, que parce qu'en temps de ſiége, ſi on avoit lieu de ſe défier des Bourgeois, on ſeroit obligé de garder la ville contr'eux, & la fauſſe-braye & ſes dehors contre l'ennemi, ce qui demanderoit une garniſon trop nombreuſe. Les faces des baſtions de cette fauſſe-braye battroient la campagne preſque en droite ligne, & on pourroit les chicaner de mille maniéres. Le baſtion intérieur ſeroit un retranchement qui couteroit plus de monde aux aſſiégeans que la priſe des meilleures places; car ſes faces ſeroient vûës de revers, tant des flancs, que des premiers revers, & des remparts du baſtion oppoſé, & le petit retranchement, qui ſeroit pareil à celui que j'ai décrit dans l'ordre renforcé, donneroit encore le temps de préparer les ruës, ſi on étoit réſolu de ſe défendre juſqu'à la derniére extrémité. Je n'éléverois point quatre batteries les unes ſur les autres, je crois même que trois ſeroient trop embaraſſantes. Des flancs doubles longs de cinquante-huit toiſes, bien couverts juſqu'à ce que l'ennemi fit ſa batterie ſur la contreſcarpe, ſeroient plus que ſuffiſans pour l'en empêcher, & quatre batteries ne me paroiſſent bonnes que pour la montre, & pour le divertiſſement des bombardiers ennemis, qui auroient la ſatisfaction de ne tirer pas un coup en vain; il eſt aſſez difficile de fournir deux batteries tant de canons, que de canonniers & de munitions,

 ſup-

ſuppoſé que l'ennemi faſſe pluſieurs attaques.

Mes places ſeroient à peu prés de la même capacité que celles de Monſieur Blondel, dont les remparts ſont exceſſivement larges, & mon foſſé ne coûteroit pas tant que le ſien ; car le glacis que je lui donnerois, ménageroit environ la dixiéme partie de la foüille, outre que j'épargnerois toutes les vuidanges inutiles de ſes dangereuſes cuvettes. Mon coffre qui ſeroit fort éloigné de la contreſcarpe, faciliteroit beaucoup les ſorties, & il augmenteroit bien la défenſe des baſtions par ſa mouſqueterie, ou même par quelques petites piéces qu'on pourroit y loger. Les deux courtines qui ſeroient éloignées de ſix toiſes l'une de l'autre, & dont la plus haute ne ſeroit point revêtuë, ſerviroient à foudroyer l'ennemi dans les logemens qu'il feroit ſur le rempart de la fauſſe-braye, ou ſur celui du premier baſtion.

Dans le ſecond deſſein, les flancs ne ſeroient pas plus expoſez aux batteries de travers que ceux de ma petite fortification. Ainſi le corps de la place pourroit ſubſiſter tout ſeul, & une demi-lune ſuffiroit pour couvrir les flancs. La défenſe de cette demi-lune commençant à quarante toiſes de l'angle flanqué, on pourroit pratiquer dedans deux retranchemens, qui ne ſeroient que des levées de terre qu'on formeroit en rapportant celle du foſſé de la place, qui en fourniroit de reſte tant pour les retranchemens,

mens, que pour des contre-gardes non revêtuës, qui ne coûteroient rien si on ne mettoit point de fossé au devant, & qui cependant couvriroient entiérement les flancs, & incommoderoient fort les assiégeans dans l'approche, par les longues batteries qu'on pourroit mettre sur leurs faces, d'où on battroit la campagne moins obliquement que des faces du bastion, parce que l'angle flanqué des contre-gardes seroit plus obtus. Il y auroit six toises des flancs de ce dessein qui ne découvriroient pas la face du premier bastion, mais elles flanqueroient celles du second, elles battroient la meilleure partie du fossé du premier, & leurs canons pourroient répondre aux batteries de la contrescarpe.

S'il ne suffisoit pas de s'éloigner de la route ordinaire pour faire rejetter ses desseins, je pourrois espérer grace pour celui ci, qui ne demande ni des habitans affectionnez, ni une garnison trop nombreuse, ni des dépenses approchantes de celles que M. Blondel propose, & je le crois cependant meilleur que les siens.

Mes flancs ne seroient point exposez aux batteries de travers.

L'angle de l'épaule, & l'angle du feu seroient à portée de la pointe du bastion.

Les faces de mes bastions seroient défenduës par un plus grand nombre de mousquetaires que les siennes, à cause du flanc convexe du bastion intérieur, & à cause du coffre.

Mes contregardes pour la construction desquelles je n'aurois pas besoin de la moitié des massons qui sont dans le Royaume, opposeroient aux approches une batterie qui ne seroit point trop oblique, & que les ruines des premiers parapets ne feroient point cesser.

Mon fossé sans cuvette obligeroit le mineur de commencer sa mine de fort loing ou de s'attacher au pied du bastion.

Mes orillons cacheroient quatre canons.

Mes batteries seroient plus difficilement remplies de bombes que les siennes, tant parce qu'elles sont moins serrées, qu'à cause du fossé qui est au pied, & qui recévroit la meilleure partie des bombes. Si on vouloit que les batteries basses les plus proches du centre de la place ne craignissent rien, il faudroit faire régner entre les courtines & entre les batteries du second bastion, un canal profond de trois toises, qui occuperoit toute la place à demie toise prés du parapet.

Les canons étant sur des batteaux longs, couverts en dos-d'asne, seroient maniez par les canonniers qui seroient dans d'autres petits batteaux. Ainsi les bombes seroient envoyées au fonds du canal par le dos-d'asne, & par l'inclinaison que leur coup feroit faire au batteau, & elles ne pourroient endommager ni le canon, ni les hommes. Le canal serviroit encore à noyer le fossé quand l'ennemi se seroit logé sur la brêche du premier bastion, qu'on regagneroit aisément, l'assiégeant l'assiégeant ne pouvant être secouru dans ses logemens.

Enfin mes retranchemens ou bastions doubles feroient autant & plus de résistance que les premiers bastions, & donneroient assez de confiance aux habitans & aux soldats les plus timides, pour disputer vigoureusement les premiers.

Quant à la facilité d'appliquer ces constructions sur les vieilles places, lors que la ligne de défense n'auroit que six vingt toises de longueur, comme c'est l'ordinaire dans les anciennes fortifications, il ne seroit point nécessaire que la défense fût fichante, & il seroit bien plus aisé de bâtir un bastion neuf au dessous du vieux sans toucher aux flancs de celui-ci, que de rentrer dans la place, en ruïnant une partie des maisons, & en abbatant les vieux flancs, quoi que Monsieur Blondel trouve une facilité incroyable en cette derniére pratique. Si les dehors étoient longs comme des ouvrages à corne, ils ne seroient pas moins en état de servir, quand on auroit coupé une partie de leurs aîles; & si c'étoient des demi-lunes, leurs pointes pourroient servir de retranchement à la grande, qu'on bâtiroit au dessus des bastions neufs.

Je ne parlerai point de l'attaque des places, le différent front des lignes, la maniére de les conduire, leur largeur, leur profondeur, le nombre des redoutes, ou des forts, la scituation & la grandeur des batteries, sont des choses qui demandent plus de pratique

que

que de théorie, parce qu'elles varient ſelon le terrain, la force, la conſtruction, & la garniſon de la place qu'on attaque, & ſelon la proximité ou la grandeur de l'armée qui doit la ſecourir. Il y a peu de gens capables de donner ſur cette matiére de meilleures leçons que celles qui ſe trouvent dans les Auteurs qui en ont traité; & il ſeroit à ſouhaiter que M. de Vauban eût le loiſir & voulût bien ſe donner la peine de faire part au public de ſes lumiéres & de ſes expériences.

FIN.

TABLE

TABLE

DES CHAPITRES & des Articles contenus en ce Volume.

CHAPITRE PREMIER.

CHAPITRE II.

Des Dehors.

CHA-

CHAPITRE III.

Construction du Corps de la Place, & des Debors tant pour la grande que pour la moyenne & pour la petite Fortification. 132

ART

CHA-

CHAPITRE IV.

Devis, ou Explication des Profils.

CHAPITRE V.

CHAPITRE VI.

Fin de la Table.

CATALOGUE DES LIVRES

Qu'a imprimez, ou dont a bon nombre HENRY DESBORDES Marchand Libraire, dans le Kalver-Straat prés le Dam, à Amsterdam.

Achille, Opera mis en musique 4. 1688.

Agamemnon Tragédie 12. 1686.

Allix (P.) Maximes du vrai Chrêtien. 12. 1680.

— Bonnes & Saintes Pensées. 12. 1680.

Amelot de la Houssaye, Discours Politiques sur Tacite. 4. 1683.

Aminte du Tasse. Ital. & Franç. 1684.

Amours des Gaules. 12.

Amyraldus [Moses] in Psalmos. 4. 1662.

— *Dissertationes Theolog. sex.* 8. 1660.

— *In Symbolum Apostolorum.* 8. 1663.

— *De Mysterio Trinitatis.* 8. 1661.

— *De Ratione Pacis in Religionis Negotio.* 8. 1662.

— *De gratia universali.* 8. 1684.

Amyrault [Moïse] Morale Chrêtienne. 8. 6. vol. 1652.

— Paraphrase sur l'Evangile selon S. Jean. 8. 1651.

— Sermons sur divers Textes. 8. 1653.

— Du gouvernement de l'Eglise. 8. 1653.

Antiquité des temps rétablie & défenduë contre les Juifs & les nouveaux Chronologistes. 12. 1687.

Arnaud, Perpétuité de la foi de l'Eglise Catholique. 12. 3. voll. 1669.

Art de prêcher à un Abbé. 8. 1687.

Bernier, Traité du Libre & du Volontaire 12. 1685.

Bible Françoise de Leide. 1665. Item in 18. de la Schipper.

Blondel, Hist. du Calendrier Romain.

Bossuet (Jaques Benigne). Traité de la Communion sous les deux Espèces. 12. 1682.

de Brais (Stephan.) ad Romanos. 4. 1670.

— *Exercitationes inaugurales.* 8. 1678.

Cæsaris Commentaria. in 24.

A *Came-*

Cameronis (Job.) Myrothecium cum notis & Axiomatib. Mori. 4. 1677.

Capelli (Jacobi) Observatio- *nes in Novum Test. unà cum Ludovici Capelli spicilegio.* 4. 1657.

— *Historia Apostolica.* 4. 1683.

Capistron, Alcibiade Tragédie. 12. 1686.

Catéchisme des Jesuites. 12. 1677.

— de le Noir. 12. 1674.

— de Drelincourt. 8. 1676.

— de la Conseillere. 8. 1685.

Catonis Disticha Græcè & Latinè. 12. 1647.

de Choisi (l'Abbé) Hist. de Philippe de Valois & du Roi Jean. 12. 1688.

Claude (Jean) Examen de soi-même. 12. 1682.

— Réponse à la Conférence de M. de Meaux. 8. 1686.

le Clerc. Sentimens de quelques Theologiens de Hollande sur l'Hist. critique du Vieux Test. du P. Simon. 8. 1685.

— Defense des sentimens. 8. 1686.

Comenii Janua. Linguar. cum Græca versione Theodori Simonii & Emendationib. Steph. Curcellæi qui etiam Gallicam novam adiunxit. 8. 1673.

le Comte Tekeli nouvelle Historique. 12. 1686.

Corneille toutes les Oeuvres. 12. 9. voll.

— Comédies & Tragédies à part.

— Imitation de Jesus Christ en vers avec fig.

Creigthon Historia Concilii Florentini. Fol. 1660.

Cunœi (Petri) de Republica Hæbreorum. 12. 1674.

D

DAillé (Jean) Mêlanges de Sermons. 8. 2. vol. 1658.

Defense des Libertez des Eglises Réformées de France. 12. 2. vol. 1688.

Derniéres heures de Mademoiselle de Ciré. 12. 1686.

D'huisseau, Discipline des Eglises Réformées de France. 4. & 8.

Dialogues 4. sur l'immortalité de l'Ame. 12. 1686.

— de la santé. 12. 1684.

— Politiques, ou la Politique dont se servent aujourd'hui les Princes & Républiques Italiennes, 12. 2. vol. 1681.

— de Gennes & d'Alger en Ital.

Ital. & en Franc. 12. 1685.

Digby (Chevallier le) Discours touchant la Poudre de Sympathie. 12. 1681.

Drelincourt (Charles) Consolations contre les frayeurs de la Mort. 8. 1675.

— Abregé des Controverses. 12. 1673.

ENtretiens d'Eudoxe & d'Eucharifte fur l'Hift. de l'Arianifme de Mr. Maimbourg. 12. 1685.

— des voyageurs fur la mer 12. feconde partie. 1686.

FAbles d'Efope traduites par Baudoüin 12. fig.

Fabri (Tanaquilli) Epiftolæ 4. 1674.

— *Notæ in Juftinum.* 12. 1671.

— *In Ælianum.* 8. 1671.

— *In Horatium.* 12. 1671.

— *In Terentium.* 12. ibid.

— *In Florum.* 12. ibid.

— *In Eutropium.* ibid.

— *In Longinum.* 8. 1673.

— *In Anacreontem & Saphontem.* 12. 1680.

De la Fontaine, Contes & Nouvelles en vers avec fig. & fans fig. 12. 1685.

la France Augufte en Abregé. 12. 1681.

Francion, Hiftoire Comique 12. 2. vol. fig. 1686.

Furetiére, Effais d'un Dictionnaire univerfel. 12. 1687.

— Trois Factums contre quelques uns de l'Accademie Françoife. 12. 1687.

G*Auffeni (Stephani) Differtationes de Ratione concionandi.* 8. 1670.

Grotius (Hug.) de fatisfactione Chrifti. 12. 1675.

Guerre des Auteurs. 12.

Guillebert (Jean) Sermons fur divers Textes. 8. 1687.

— Lettres d'un nouveau Converty à un Catholique de fes Amis, ou Remarques fur le Livre du Pere Doucin Jefuite intitulé Inftructions pour les nouveaux Catholiques. 12. 1686.

H*Ifpanus (Gerard) de Regimine morali.* 12. 1683.

Hiftoire de la Reine Chriftine de Suede. 12. 1682.

— de la fainte Ecriture du Vieux & du Nouveau Teft.

Test. en forme de Catechisme. 12. 1673.

Histoire de l'Eglise 12. 6. vol. par Messire Antoine Godeau.

Huetius (Pet. Dan) de optimo genere interpretandi & de Claris Interpretibus. 8. 1683.

IRrévocabilité de l'Edit de Nantes prouvée par les Principes du Droit & de la Politique. 12. 1688.

Jurieu (Pierre) Jansénisme convaincu de vaine sophistiquerie. 12. 1683.

— Préjugez légitimes contre le Papisme. 4. 1685.

— Abregé de l'Hist. du Concile de Trente. 12. 2. vol. 1683.

— Suite du Préservatif. 12. 1685.

de Juvenilibus Bezæ Pœmatis Epistola, adversus Maimburgium. 12. 1683.

LEttre sur l'Etat des Eglises Réformées de France. 12. 1683.

Longepierre, Idylles de Byon & de Moschus. 8. 1687.

Lutrigot, Poëme héroïque. 8. 1686.

MAimbourg, Hist. du Calvinisme. 12. 1682.

— du Pontificat de Saint Gregoire. 12. 1685.

Mallebranche, Recherche de la verité revûë & corrigée de nouveau. 12. 2. vol. 1688.

Maléte de David. 24. 1680.

Maximes veritables & importantes pour l'Instruction du Roi. 12. 1663.

— Chrêtiennes Politiques & morales. 12. 1687.

Memoires de M. de la Rochefoucaut.

Morus (Alexand.) Poëme sur la Naissance de Jesus Christ. 8. 1665.

du Moulin (Pierre) Traité de la Paix de l'Ame & du contentement de l'Esprit. 8. 1680.

Moyens surs & honnêtes pour la conversion de tous les Hérétiques. 12. 1681.

NOuvelle maniére de fortifier les Places, tirée des méthodes du Chevallier de Ville, du Comte de Pagan, & de M. de Vauban, avec des Remarques sur l'ordre renforcé, sur les Desseins

ſeins du Capitaine Marchi & ſur ceux de M. Blondel ſuivies de deux nouveaux deſſeins. 12. 1689. avec figures.

Nouvelles de la Républiques des Letres Complettes. 12. de 1684. 1685. 1686. 1687. 1688.

— chaque année ou mois ſéparez. 12.

— le mois Courant ſous la preſſe. 12.

OUvrage des ſçavans de Leypſic. 12. 1685.

PAjon (Claude) Examen du Livre des Préjugez de M. Arnaud. 12. 2 vol. 1684.

— Remarques ſur l'Avertiſſement paſtoral. 12. 1685.

Papin, Maniére d'amolir les Os augmenté dans cette nouvelle Edition du Continuateur du Digeſteur. 12. fig. 1688.

Perroniana ſive excerpta ex ore Cardinalis Perronii. 8.

Placæi (Joſuæ) Theſes Theolog. contra Socinum. 4. 3. vol.

— *de Imputatione Primi Peccati.* 4. 1655.

— du Sacrifice de la Meſſe. 8. 2 vol. 1655.

Pratique des Vertus Chrêtiennes ſur tous les devoirs de l'homme. 8. 1680.

— de Pieté. 8. 1675.

Procés de Fouquet. 12. complet.

Pſeaumes in 12. Groſſe Lettre tout muſique. 1687.

— muſique au premier verſet. 1680.

— in 24. Franç. Flamand. 1686.

— de Conrart retouchez nouvellement avec une nouvelle reviſion de toutes les Liturgies 12. ſous la Preſſe.

RAviſſement d'Heleine d'Amſterdam. 12. 1682.

Recueil de quelques piéces concernant la Philoſophie de M. Deſcartes. 12. 1684.

Réflexions ſur l'union que les Calviniſtes ont faite avec les Luthériens. 12. 1683.

— ſur les Mémoires de M. l'Evêque de Tournai touchant la Religion. 12 1684.

Réponſe apologétique à Meſ-

Messieurs du Clergé de France. 12. 1683.

Richelieu (Cardinal de) Testament politique. 12. 1687.

le Roi (Henry) Philosophie naturelle. 4. 1686.

Royaumont, Hist. du Vieux & du Nouveau Testament avec des Explications tirées des S. S. Peres. 12.

Sanderus, Hist. du schisme d'Angleterre, de la traduction de M. Maucroix. 12. 1683.

Scuderi (Mad.) Conversations sur divers sujets. 12. 1685.

Sermons de divers Auteurs separez. 8. 1687.

Spencerus, de Legibus Hebræorum, Ritualibus & earum Rationib. 4. 2. vol. 1686.

Sperlingii (Otton) Dissertatio de furia sabinia. 8. 1687.

Tableau des Piperies des Femmes mondaines. 12. 1685.

Terentius in 24.

Traité du Pouvoir absolu des Souverains. 12. 1685.

— de l'Etat de l'homme aprés le péché ou de la Prédéstination. 12. 1684

— de la Pratique des Billets entre les Négotians. 12. 1684.

— du Scorbut ou du Mal de Terre. 12. 1671.

— de l'Action de l'Orateur ou de la Prononciation & du geste. 12. 1676.

Varillas, Hist. des Révolutions arrivées dans l'Europe en matiére de Religion. 12. 4. vol. 1687.

— Pratique de l'Education des Princes. 12. 1686.

— Politique de Ferdinand le Catholique. 12. 3. parties. 1688.

de Ville Dieu (Madame) Portrait des foiblesses humaines. 12. 1686.

Villemandi, Paralelismus Philosophiæ Epicureæ & Cartesianæ. 4.

Vossii (Isaaci) Notæ in Justinum. 8. 1670.

FIN.

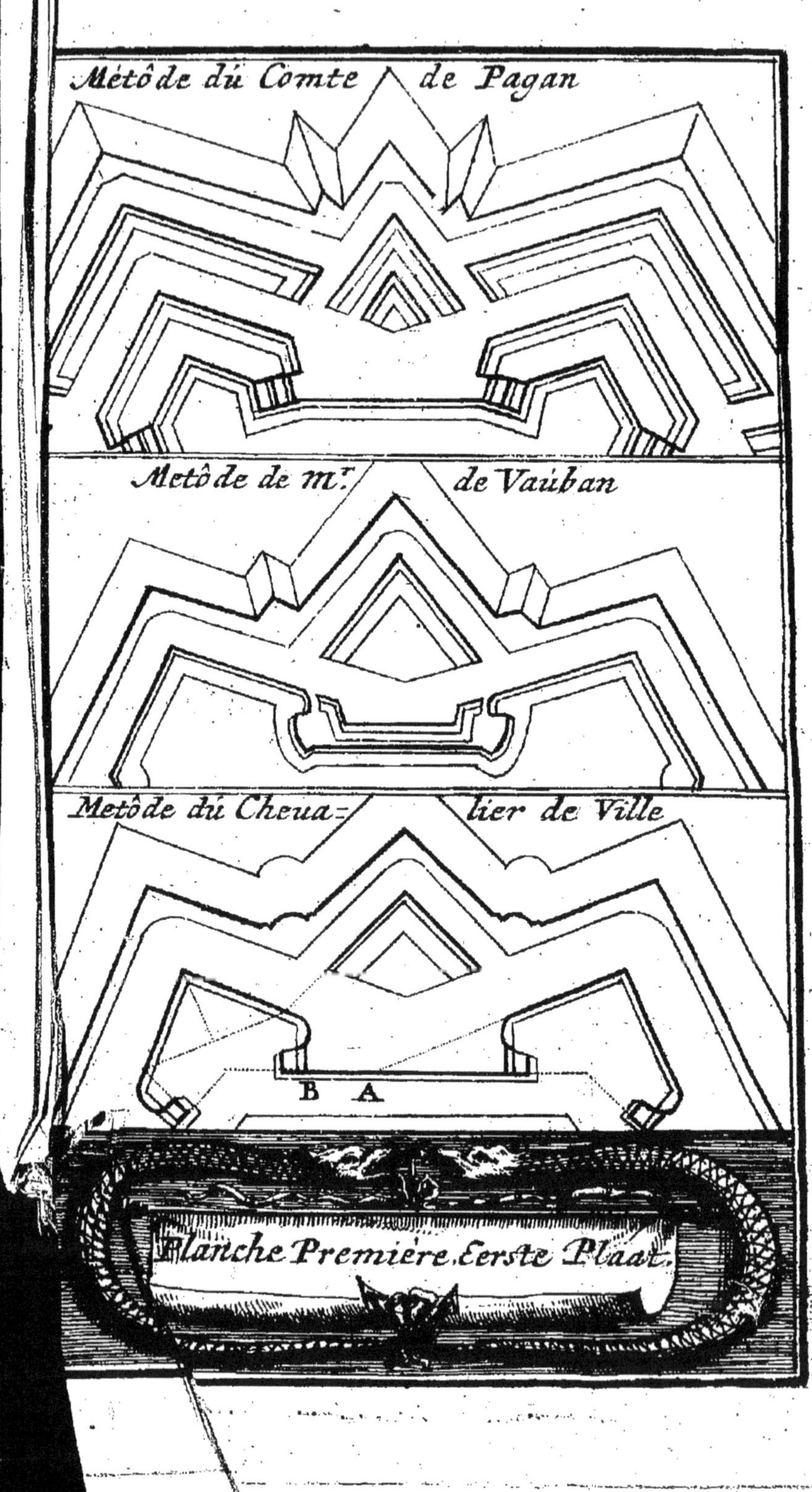
Métôde dú Comte de Pagan
Metôde de m.r de Vaúban
Metôde dú Cheua= lier de Ville
B A
Planche Premiére Eerste Plaat.

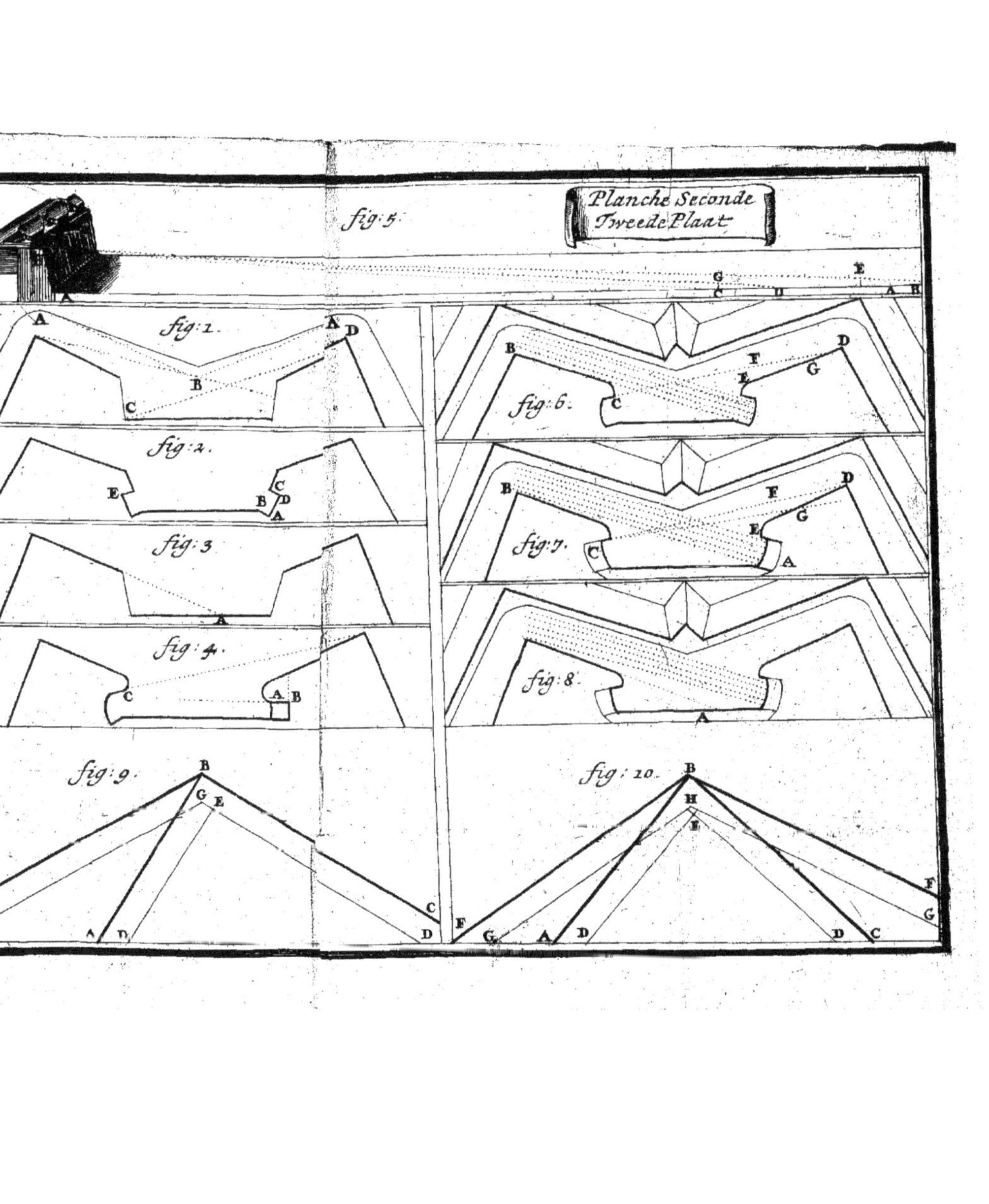
Planche Seconde
Tweede Plaat
fig: 1.
fig: 2.
fig: 3
fig: 4.
fig: 5.
fig: 6.
fig: 7.
fig: 8.
fig: 9.
fig: 10.

Fig: 3.
Fig: 4.
deriere du mur
D
E
B
Fig: 5.
Planche troisième Derde Plaat
Fig: 6.
Fig: 1
Fig: 2.

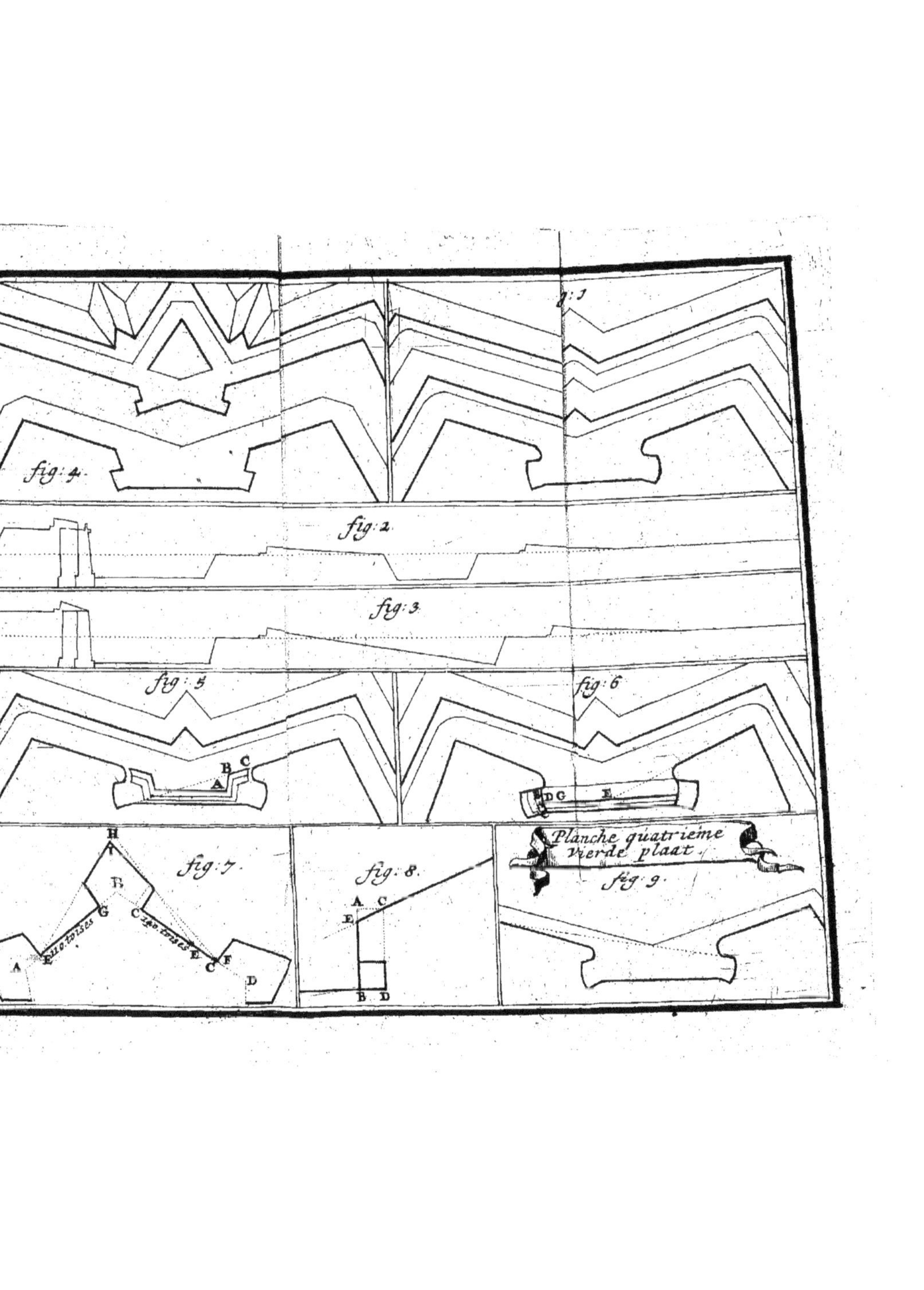
fig: 1
fig: 2
fig: 3
fig: 4
fig: 5
B C
A
fig: 6
D G E
fig: 7
H
I
B
G
C
110 toises
140 toises
A
E
E
C F
D
fig: 8
A C
E
B D
Planche quatrieme
Vierde plaat.
fig: 9

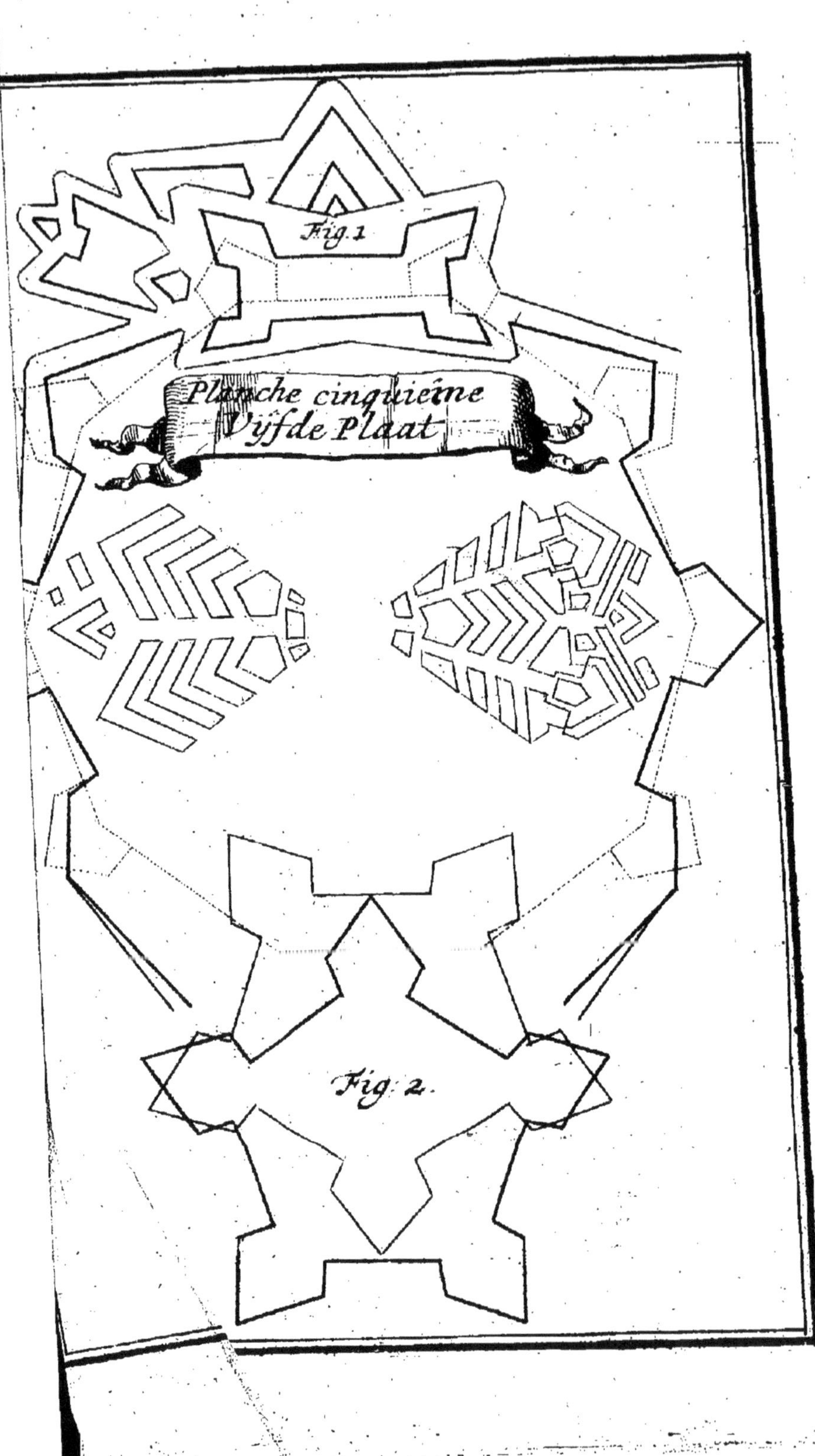
Fig. 1
Planche cinquième
Vijfde Plaat
Fig. 2.

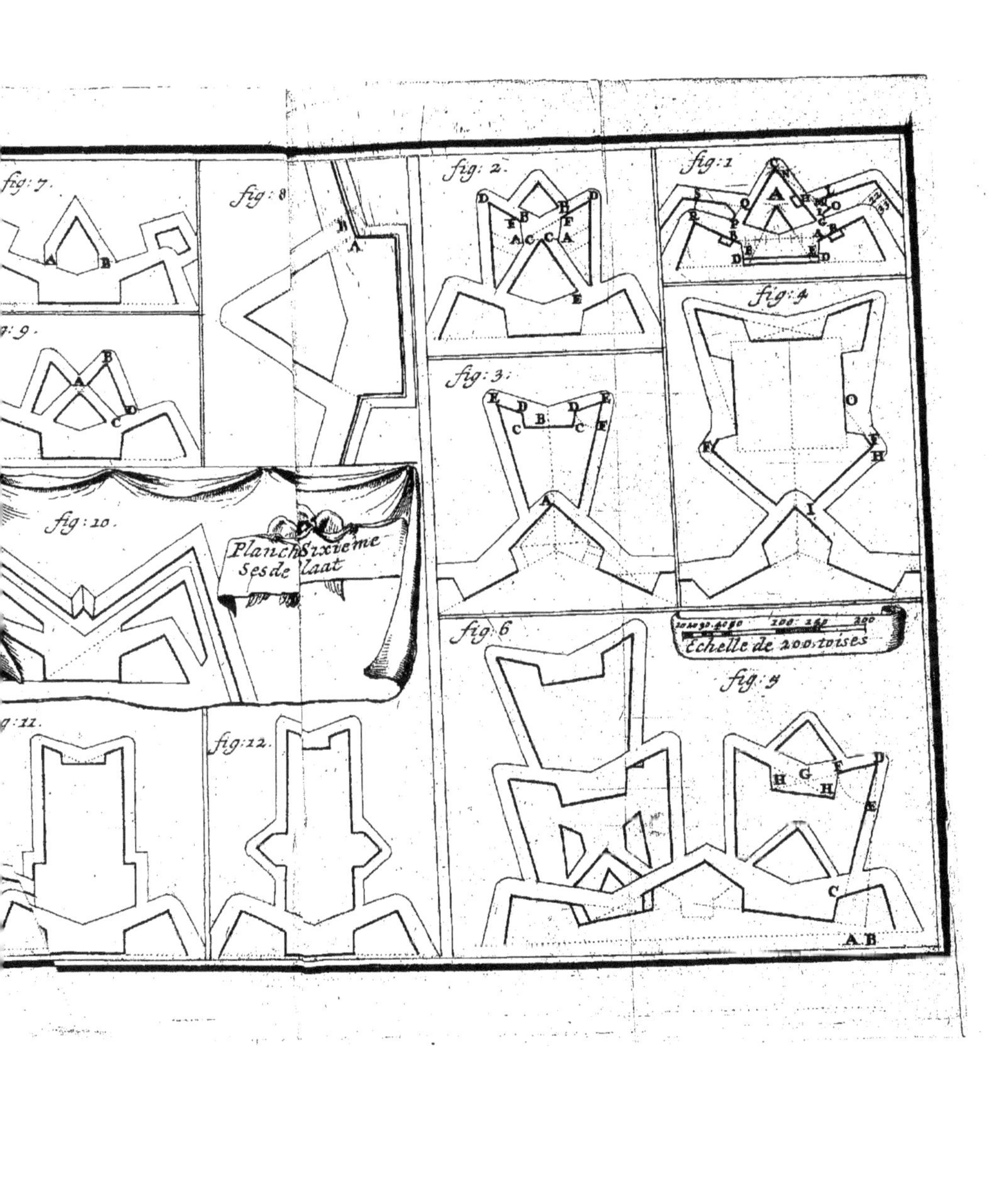
fig: 7.
fig: 8
fig: 2.
fig: 1
fig: 9.
fig: 3.
fig: 4
fig: 10.
Planch Sixieme
Ses de Plaat
fig: 6
Echelle de 200 toises
fig: 5
fig: 11.
fig: 12.

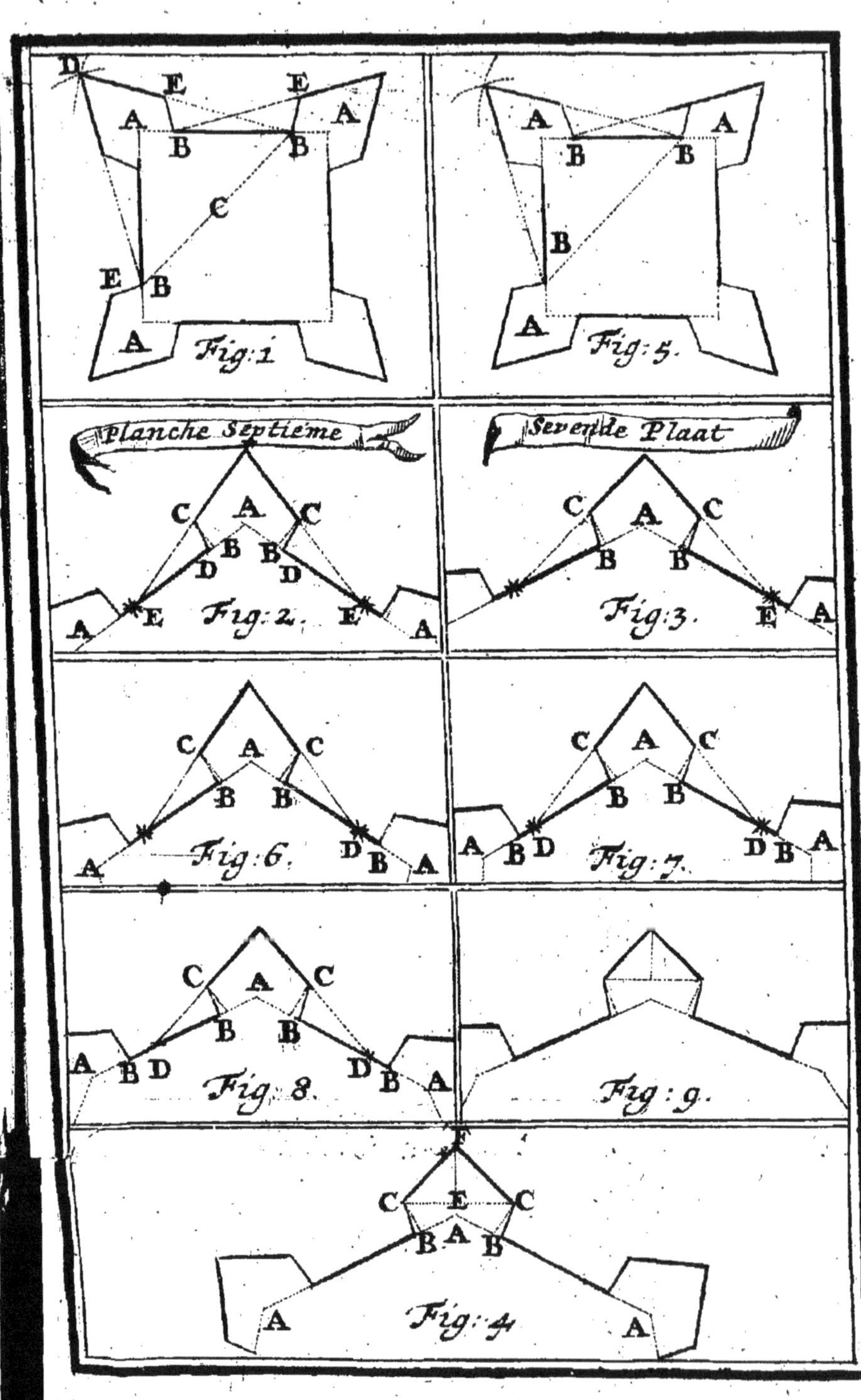
Planche Septieme
Sevende Plaat
Fig:1
Fig:5
Fig:2
Fig:3
Fig:6
Fig:7
Fig:8
Fig:9
Fig:4

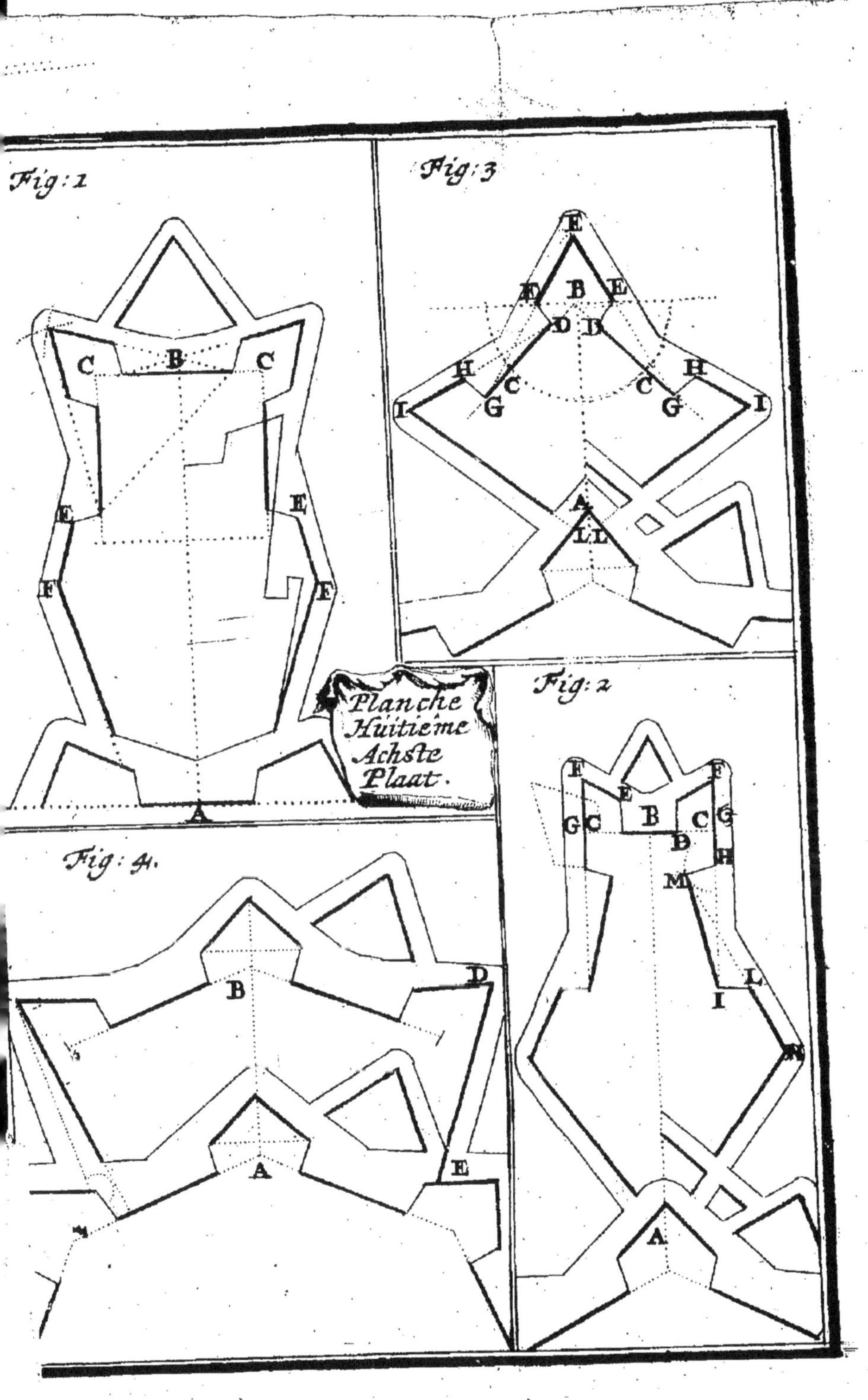
Fig: 1
Fig: 3
Fig: 2
Fig: 4.
Planche
Huitième
Achste
Plaat.

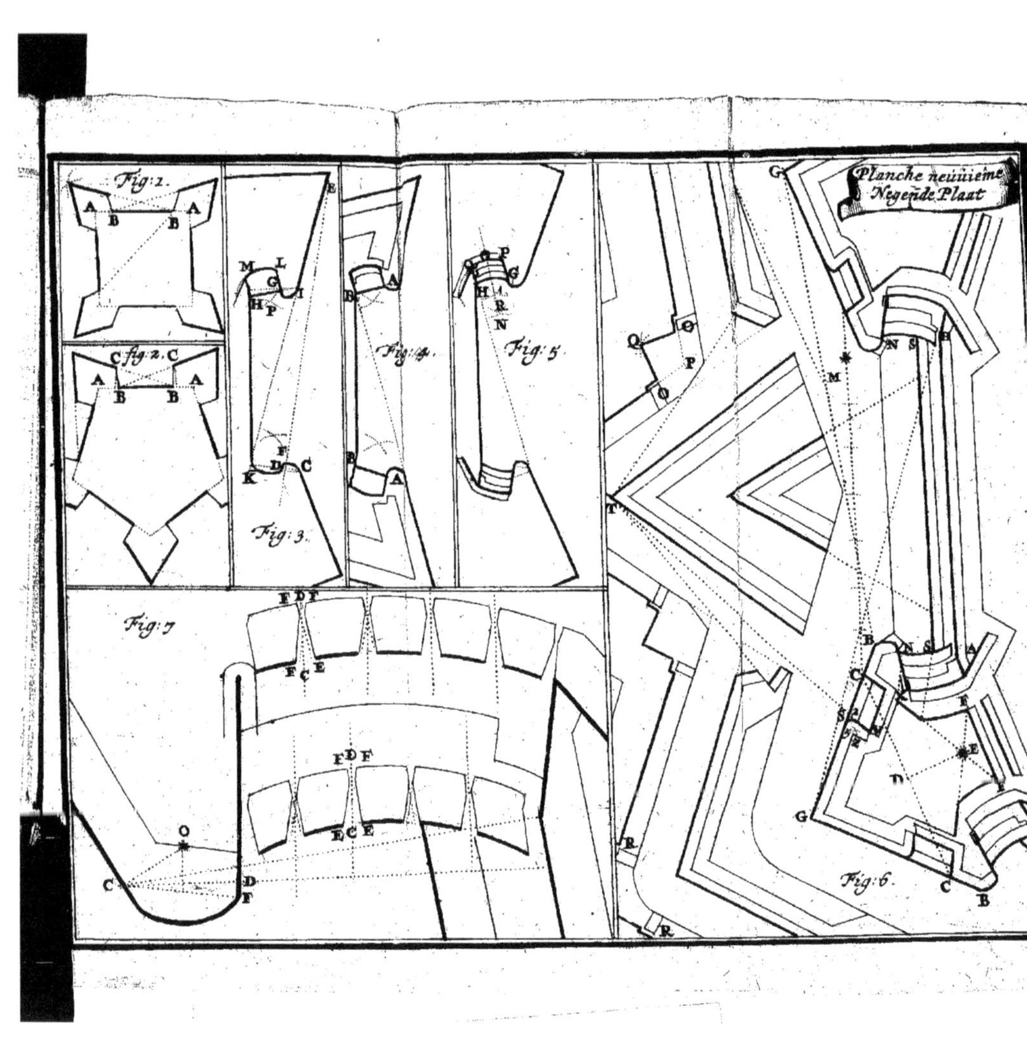
Planche neuuieme
Negēde Plaat
Fig: 1.
Fig: 2.
Fig: 3.
Fig: 4.
Fig: 5.
Fig: 6.
Fig: 7

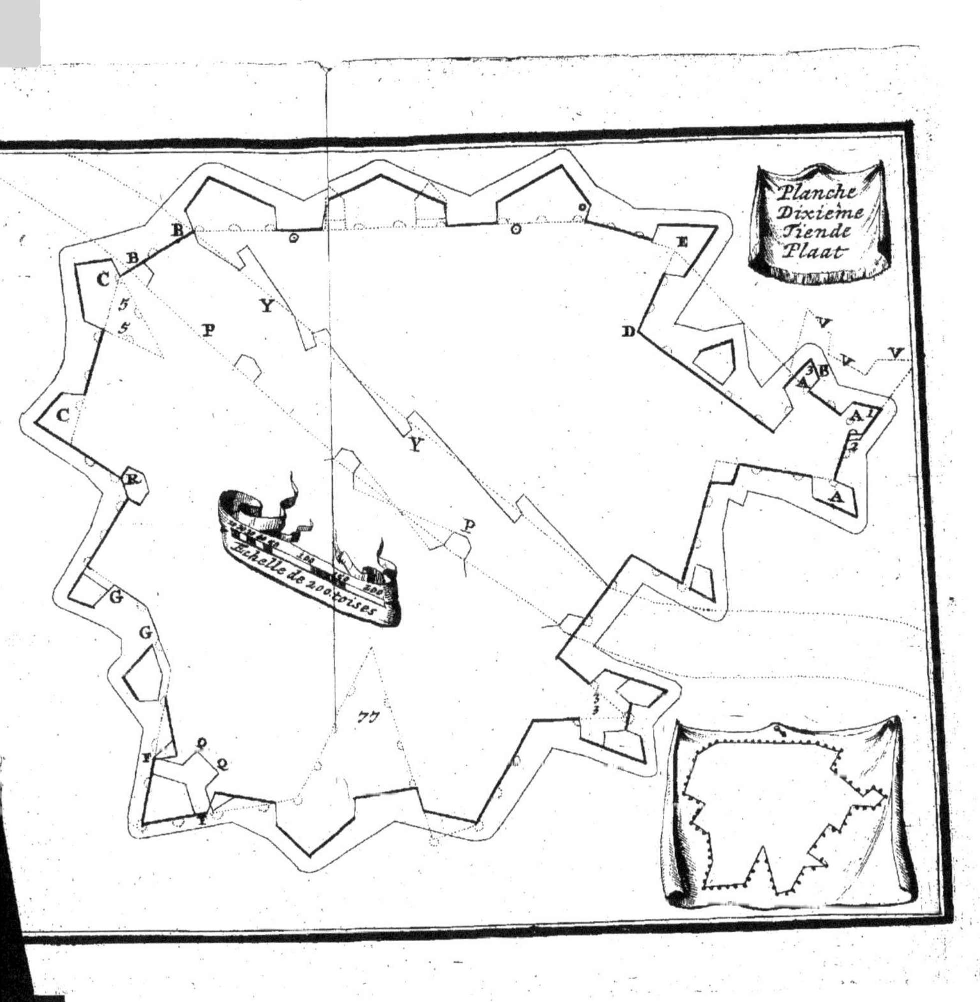
Planche
Dixième
Tiende
Plaat
Echelle de 200 toises
100
150
200
B
C
B
5
5
P
Y
E
D
V
V
V
A
B
A
A
Y
C
R
P
G
G
F
O
Q
T
A

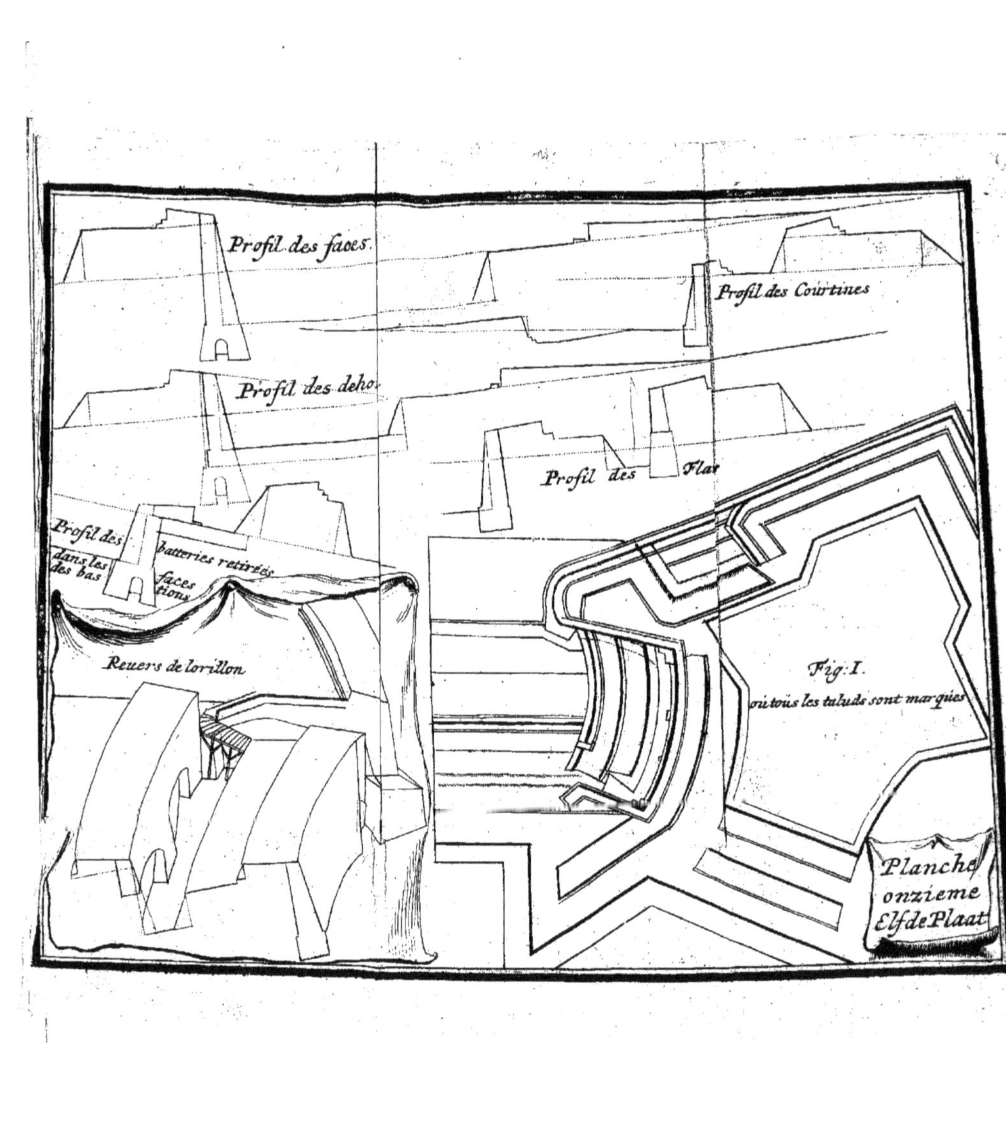
Profil des faces
Profil des Courtines
Profil des deho
Profil des Flan
Profil des batteries retirées dans les faces des bastions
Reuers de lorillon
Fig: I.
où tous les taluds sont marqués
Planche onzieme
Elf de Plaat

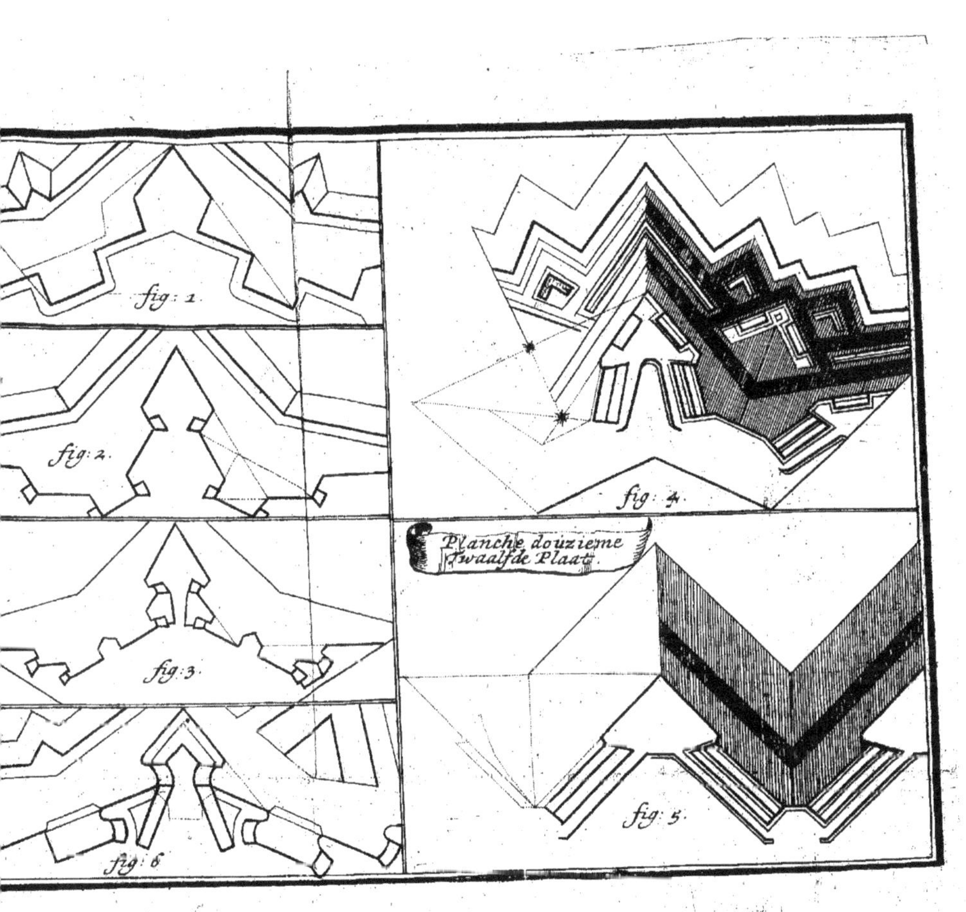
fig: 1.
fig: 2.
fig: 3.
fig: 4.
fig: 5.
fig: 6
Planche douzieme
Twaalfde Plaat.

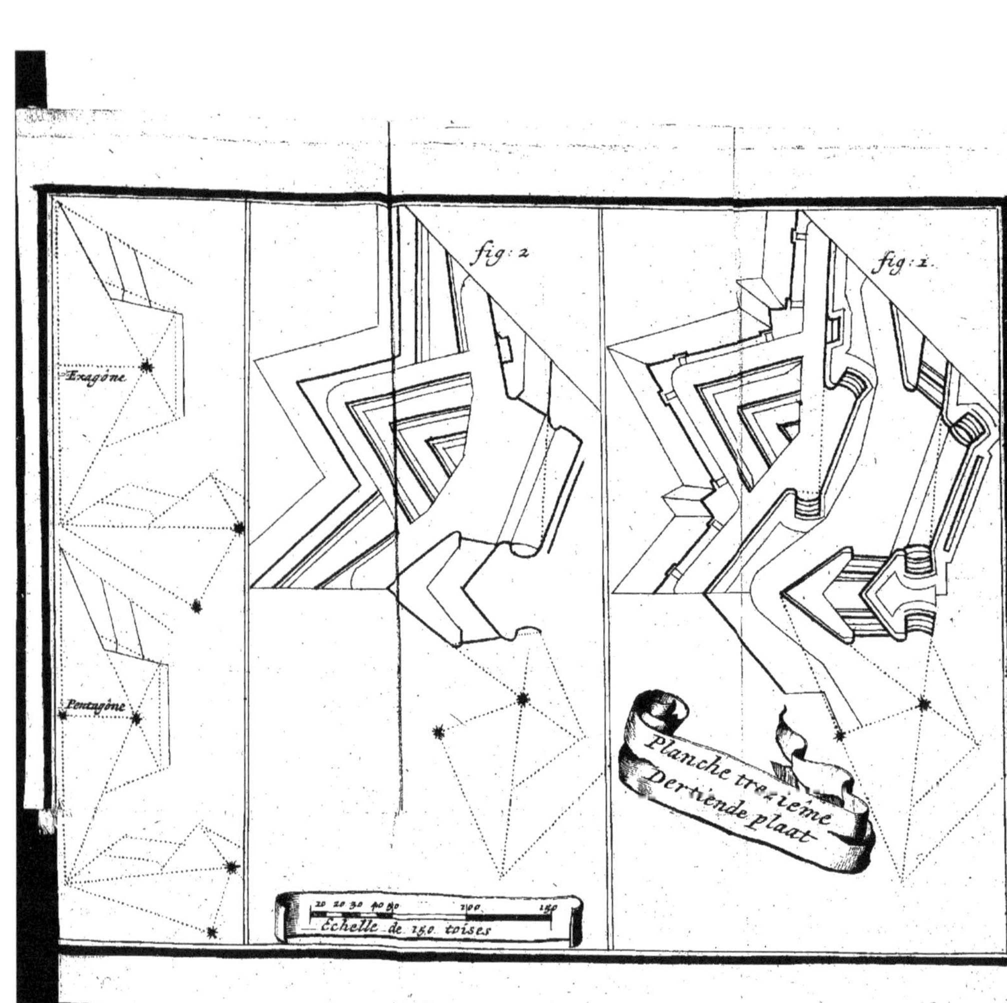
fig: 2
fig: 1.
Exagone
Pentagone
Planche treziéme
Dertiende plaat
Echelle de 150 toises

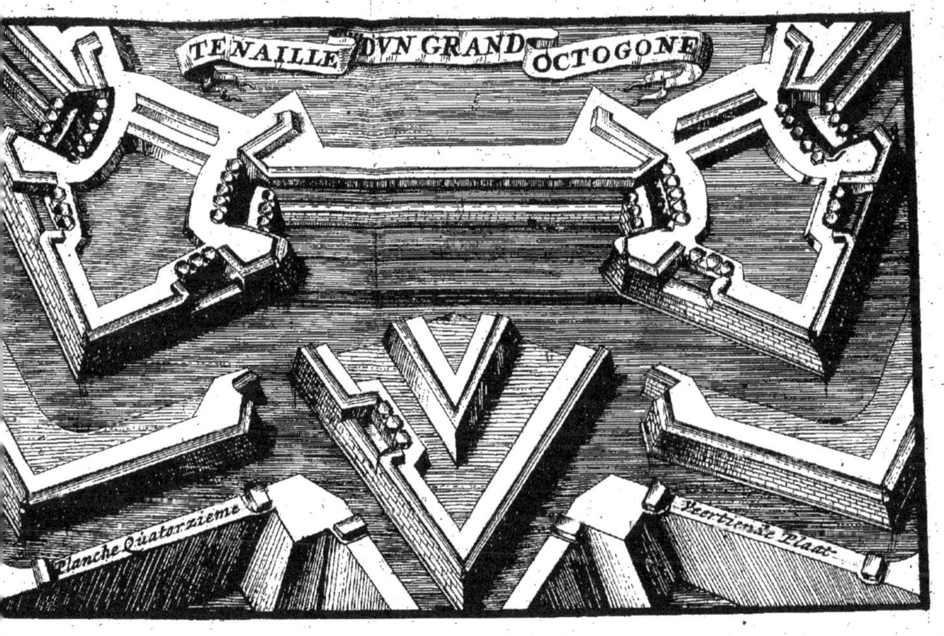
TENAILLE D'UN GRAND OCTOGONE
Planche Quatorzieme
Veertiende Plaat

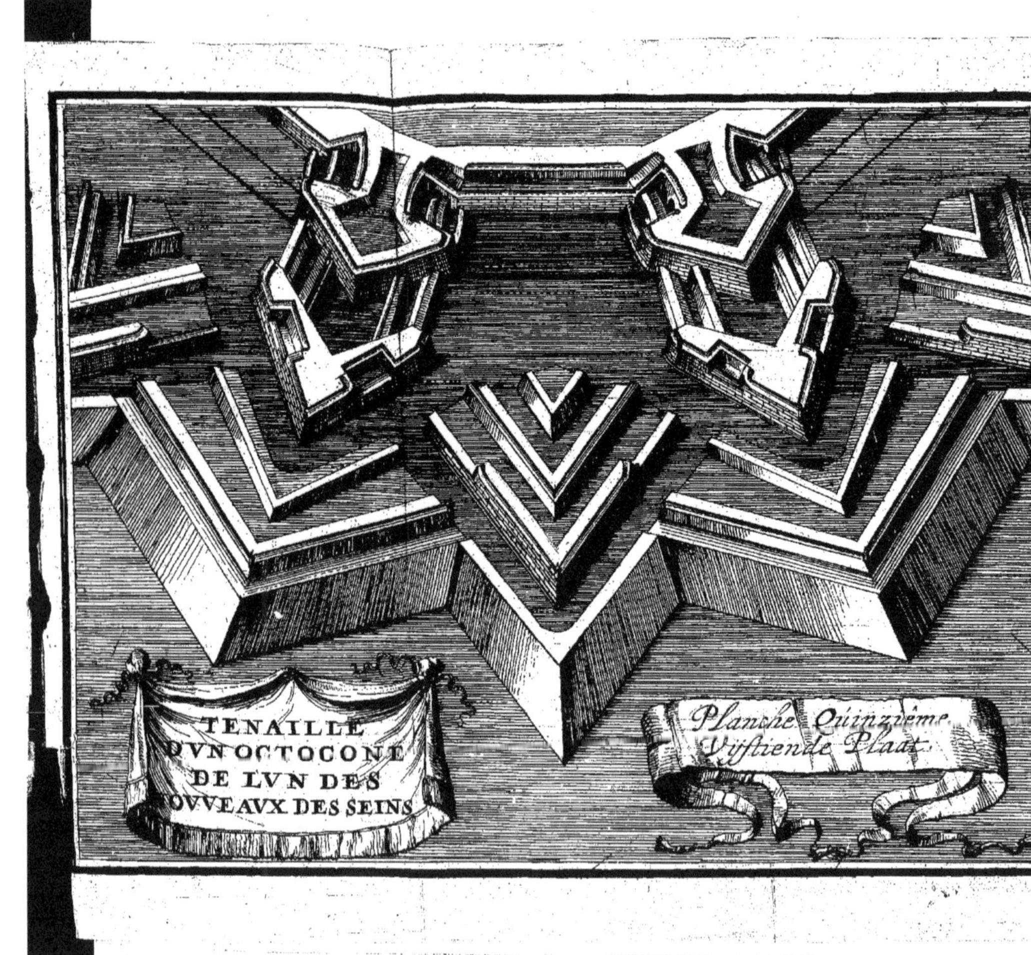
TENAILLE
D'VN OCTOGONE
DE L'VN DES
NOVVEAUX DESSEINS
Planche Quinzième.
Vijftiende Plaat.

www.ingramcontent.com/pod-product-compliance
Ingram Content Group UK Ltd.
Pitfield, Milton Keynes, MK11 3LW, UK
UKHW020209250726
13967UKWH00003B/1353